基于神经网络的非相干信号检测技术

张高远　著

中国原子能出版社

图书在版编目（CIP）数据

基于神经网络的非相干信号检测技术 / 张高远著.
北京 ： 中国原子能出版社, 2024. 9. -- ISBN 978-7
-5221-3569-4

Ⅰ. TP183; TN911.23

中国国家版本馆 CIP 数据核字第 2024XE0447 号

基于神经网络的非相干信号检测技术

出版发行	中国原子能出版社（北京市海淀区阜成路 43 号　100048）	
责任编辑	陈　喆	
责任印制	赵　明	
印　　刷	北京天恒嘉业印刷有限公司	
经　　销	全国新华书店	
开　　本	787 mm×1092 mm　1/16	
印　　张	8.75	
字　　数	117 千字	
版　　次	2024 年 9 月第 1 版　2024 年 9 月第 1 次印刷	
书　　号	ISBN 978-7-5221-3569-4　　　定　价　50.00 元	

网址：**http://www.aep.com.cn**　　　　E-mail: **atomep123@126.com**
发行电话：010-68452845

作者简介

张高远，男，汉族，1984年11月出生。河南科技大学副教授，硕士生导师，河南省通信学会理事，国家自然科学基金函评专家。现任河南科技大学信息工程学院电子通信系主任，兼任龙门实验室智能系统科创中心主任助理。入选洛阳市科学技术协会第二届河洛青年人才托举工程项目、河南省教育厅河南省高校科技创新人才计划项目。主持完成国家自科基金、河南省自科基金、国家重点实验室开放课题等项目3项，主持在研龙门实验室前沿探索课题重大项目，河南省科技攻关项目，国家重点实验室开放课题等省部级科研项目3项，企业委托横向课题2项；以第一完成人获河南省教育厅科技成果奖一等奖；河南省技术发明奖三等奖，中国发明协会发明创业奖创新奖二等奖2项，以及中国产学研合作促进会产学研合作创新成果优秀奖；以第一作者或通信作者发表SCI/EI期刊论文23篇；以第一著作人在科学出版社等国家一级出版社出版学术专著4部；以第一发明人获授权发明专利18项，转化1项，转化金额20.1万元。以第一指导教师指导本科生获"挑战杯"大赛省金奖，"互联网＋"大赛省一等奖和二等奖，全国大学生电子商务"创新、创意及创业"挑战赛省一等奖；以第一指导教师指导研究生获"双碳"创新大赛国家级二等奖，"华为杯"第五届中国研究生人工智能创新大赛国家级三等奖，"兆易创新杯"中国研究生电子设计竞赛省二等奖和三等奖各2项。

河南省科学院创新团队项目（豫科院团队［2023］01 号）、龙门实验室前沿探索课题重大项目（LMQYTSKT029）、河南省科技攻关项目（242102211106）、洛阳市河洛青年人才托举工程项目（2023HLTJ10）、河南省重大科技专项（231100220300）、中国科学院大气物理研究所中层大气和全球环境探测重点实验室开放课题（LAGEO-2021-04）、国家自然科学基金面上项目（62271193，62172142）、中原科技创新领军人才项目（234200510018）、河南科技大学研究生教育教学改革研究项目（2020YJG-015）的联合资助。

本书的撰写过程得到了河南科技大学孙力帆博士、硕士研究生马聪芳、龙门实验室和河南省科学院相关专家的大力帮助，在此表示感谢。

由于作者水平有限，时间仓促，错误、遗漏之处在所难免，恳请专家和读者批评指正。

前 言

正交振幅调制（Quadrature Amplitude Modulation，QAM）适用于高速无线多媒体网络，IEEE 802.15.3 标准为 QAM 物理层定义了规范。为追求极致可靠性，相干检测是必然的技术手段。但它存在成本高，载波获取难度大且耗时，对载波跟踪误差敏感，且存在相位模糊等诸多不利因素。能显著克服上述缺点的非相干检测技术最适于在高速无线多媒体网络中应用。而提高参考信号信噪比和改善其对冗余参量的鲁棒性则是非相干检测技术亟待解决难题，这也是国内外研究的重中之重。神经网络作为逼近函数的有效工具，可以通过直接学习目标的方式解决传统非相干检测方法中存在的诸多问题。

本书主要阐述以下五方面内容：详细介绍了高速无线多媒体网络的概念、框架结构和感知层信号检测技术；给出了传统相干检测方法，并基于平均互信息对其调制性能进行了评估；针对高速无线多媒体网络中使用的 QAM 信号，在载波相位偏移（Carrier Phase Offset，CPO）的影响下，详细给出了未采用信道编码时基于神经网络的非相干检测算法及仿真验证；基于 IEEE 802.15.3 标准中的低密度奇偶校验码（Low Density Parity Check Code，LDPC），重点研究了采用信道编码条件下基于神经网络的非相干检测算法及仿真实现；最后引入载波频率偏移（Carrier Frequency Offset，CFO），给出了采用信道编码时基于神经网络的部分相干检测算法及仿真实现。对原理的叙述，力求概念清晰；注重理论推导和仿真验证相结合。

本书得到河南省教育厅高校科技创新人才支持计划项目（24HASTIT036）、

1

河南省科学院创新团队项目（豫科院团队［2023］01 号）、龙门实验室前沿探索课题重大项目（LMQYTSKT029）、河南省科技攻关项目（242102211106）、洛阳市河洛青年人才托举工程项目（2023HLTJ10）、河南省重大科技专项（231100220300）、中国科学院大气物理研究所中层大气和全球环境探测重点实验室开放课题（LAGEO-2021-04）、国家自然科学基金面上项目（62271193，62172142）、中原科技创新领军人才项目（234200510018）、河南科技大学研究生教育教学改革研究项目（2020YJG-015）的联合资助。

本书的撰写过程得到了河南科技大学孙力帆博士、硕士研究生马聪芳、龙门实验室和河南省科学院相关专家的大力帮助，在此表示感谢。

由于作者水平有限，时间仓促，错误、遗漏之处在所难免，恳请专家和读者批评指正。

目录

第 1 章

绪 论

本章首先介绍论文的研究背景及意义，其次重点阐述无线通信系统中传统非相干检测技术和基于神经网络的检测技术的国内外研究现状，最后概述论文的研究内容和结构安排。

1.1　研究背景及意义

随着无线通信技术的不断进步，智能手机、智能平板等终端设备的普及。面向未来的第六代移动通信（6th Generation Mobile Networks，6G）所需网络规模迅速膨胀，其异构化程度不断增长，这也导致了多媒体业务需求的变得更为复杂，不再局限于用智能手机浏览热点新闻图片、在线观看热门网络视频、观看体育赛事的实况转播等。相反，现在需要多样化智能终端接入支持的虚拟现实（Virtual Reality，VR）、增强现实（Augmented Reality，AR）、混合现实（Mixed Reality，MR）等技术，用更强的交互性带给用户沉浸式体验和多感官互动。无线多媒体网络是实现诸如此类技术的基础，是一个具备极大价值的研究方向。

复杂的新型多媒体应用需要更高的通信容量、更低的延迟和海量的链接，同时它们要求无线多媒体通信系统具备智能管理、处理海量数据、应对多变的无线信道环境和不同类型用户需求的能力。不同的无线技术和网络类型的协同工作、智能终端设备的广泛普及、数据流量的海量增加都给现有无线多媒体传输机制的设计带来了严峻的挑战。而在无线多媒体传输中接收机的检测机制将直接影响无线多媒体网络可靠性。因此，在需要高效率、高可靠性的多媒体网络中，接收机检测机制的研究显得十分重要。

　　传统的相干检测技术虽然在性能可靠性上具有一定优势，但是需要知道精确的信道状态信息（Channel State Information，CSI），在快衰落等无线通信环境下，实现精确的信道估计和相位估计对硬件要求较高且功耗较大，为了避免精确的信道估计和相位估计，往往采用非相干检测方法。非相干检测由于其对无线衰落信道造成的相位变化不敏感，适用于一些相位变化快、或相位随机性强且难以估计的通信环境，如移频键控、幅度键控、线性调频、差分移相键控等信号一般适合采用。但 6G 复杂的应用场景下传统无线通信非相干检测算法仍有很多局限性，难以被应用于需要快速处理大数据的先进通信系统。例如通信场景的复杂化，使得信道建模变得十分困难。通信信号维度日益增大，使得信号处理的复杂度和时延大大增加，传统的通信算法无法实时计算。因此，多媒体通信非相干检测算法需要一些新的方法来应对 6G 的挑战。

　　近年来，深度学习技术的普及，为人工智能的发展注入了强大的动力。深度学习是一种基于多层神经网络结构的机器学习技术，通过大规模的数据训练，可以让计算机自动学习和提取数据中的特征，实现对复杂任务的高效处理和准确判断，引起了越来越多研究人员的关注。人工智能技术被广泛应用于交通运输、智能家居、医疗保健、智能电网、教育、工业制造等众多领域引起了新一轮的产业变革。人工智能技术在诸多领域的成功自然也引起了通信系统领域研究者的关注。神经网络作为人工智能技术的一种成为研究热点之一。神经网络由大量的神经元组成，这些神经元相互连接，形成一个执行复杂计算任务的网络。它不是从预定义的信道模型中获得算法而是从给定的训练数据中不断学习信息，从而构建有效的网络模型。目前神经网络在物理层的应用主要有两种思路，一种是使用神经网络替代数字通信系统中的某些模块；另一种是将通信系统作为一个端到端的"黑盒子"，用神经网络作为端到端通信的解决方案。

毫米波频段由于其丰富的频谱资源，能够提供比传统低频段更大的通信带宽，同时具有更小的频谱干扰，成为未来 5G、6G 移动通信网络的核心技术。而支持毫米波通信的 IEEE 802.15.3 高速无线多媒体网络标准在高数据速率的普及设备的边缘接入中具有很高的应用潜力受到关注。IEEE 802.15.3 标准具有高数据传输速率的正交振幅调制（Quadrature Amplitude Modulation，QAM）和低密度奇偶校验码（Low Density Parity Check Code，LDPC）信道编码方案可以保证数据传输的高可靠性和高实时性。因此本研究试图通过 QAM 信号的基于神经网络的高效可靠的非相干检测技术的研究工作来有力地支撑日益复杂的无线多媒体网络的信息传输。

本研究以 IEEE 802.15.3 标准为依据，使用神经网络替代非相干检测机制中的某些模块，对 QAM 信号非相干检测做进一步研究，为 QAM 信号通信系统提供新的检测方法。此外，从多个维度进行大量仿真分析，为研究提供了数据支撑。

1.2　国内外研究现状

从传统的模拟语音信号传输到现代的提供高质量、高速率多媒体信号的通信系统，无线通信技术取得了飞速的发展并得到了广泛的应用。无线多媒体网络在人们的生活、工作和学习中也占据着越来越重要的位置。如何在有限的频谱资源上实现高效可靠的数据传输是无线多媒体网络的建立过程中所要面临的关键问题。

1.2.1 传统非相干检测技术

在复杂的无线多媒体传输环境中，信号易受到载波频率偏移（Carrier Frequency Offset，CFO）、载波相位偏移（Carrier Phase Offset，CPO）、加性噪声等干扰影响，严重影响通信性能。高效可靠的非相干检测技术可以更有力地支撑复杂干扰下无线多媒体网络的信息传输。Kam 等人[①]研究了一种在未知相位的高斯信道上的未编码序列逐符号检测（Symbol-by-symbol Detection，SBSD）的最佳接收机设计理论。Yang 等人[②]提出了一种在脉冲噪声下基于最小频移键控信号的逐符号非相干鲁棒检测算法，仿真验证了该算法对脉冲噪声的鲁棒性。Colavolpe 等人[③]提出了一种在加性高斯白噪声信道（Additive White Gaussian Noise，AWGN）下编码 QAM 调制的联合解调和译码的非相干检测算法，该算法基于维特比算法具有接近相干检测的性能。但这些方案仍具有很高的复杂度，且随着信号的部分响应长度增加，检测性能会变得越来越差。

为进一步提高检测性能，研究人员提出了多符号检测（Multiple Symbol Detection，MSD）算法，与 SBSD 算法检测相比，它可以利

---

① Kam P Y, Ng S S, Ng T S. Optimum symbol-by-symbol detection of uncoded digital data over the Gaussian channel with unknown carrier phase[J]. IEEE transactions on communications, 1994, 42(8): 2543-2552.

② Yang G, Wang J, Yue G, et al. Non-coherent symbol-by-symbol detection of MSK signals under impulsive noise[C]. 2016 IEEE Global Conference on Signal and Information Processing (GlobalSIP). IEEE, 2016: 133-137.

③ Colavolpe G, Raheli R. On noncoherent sequence detection of coded QAM[J]. IEEE communications letters, 1998, 2(8): 211-213.

用信号的连续特性进一步提高检测性能。Li 等人[1]描述了一种正交调制非相干多符号检测，仿真结果表明 MSD 的渐近误差性能几乎与理想相干检测器一样好。Buetefuer 等人[2]介绍了基于未知频率偏移下的多进制数字相位调制信号的 MSD 算法。MSD 方案虽然检测性能优良，但实现复杂度随着观测区间的增大呈现指数级增长。Wang 等人[3]针对单输入多输出系统开发了多符号差分检测仿真结果表明其性能可与相干检测媲美。Wang 等人[4]研究了基于时空块码的差分相干协作多输入多输出方法的性能。为了最大限度地降低每比特的能耗，在无线传感器网络中应用了基于时空块码的多符号差分检测。仿真结果表明，与传统的双符号处理相比，利用差分多符号处理可显著节能。但随着信息技术的快速发展，多媒体通信中非相干检测算法需要新的技术。

1.2.2 基于神经网络的检测技术

在通信领域，神经网络由于具有相对较强的处理能力，人们越来越关注它作为替代通信系统的某些组件，或作为端到端通信的解决方案。

① Li B, Tong W, Ho P. Multiple-symbol detection for orthogonal modulation in CDMA system[J]. IEEE transactions on vehicular technology, 2001, 50(1): 321-325.

② Buetefuer J L, Cowley W G. Frequency offset insensitive multiple symbol detection of MPSK[C]. 2000 IEEE International Conference on Acoustics, Speech, and Signal Processing. Proceedings (Cat. No. 00CH37100). IEEE, 2000, 5: 2669-2672.

③ Wang Y, Tian Z. Multiple symbol differential detection for noncoherent communications with large-scale antenna arrays[J]. IEEE Wireless Communications Letters, 2017, 7(2): 190-193.

④ Wang T, Lv T, Gao H, et al. BER analysis of decision-feedback multiple-symbol detection in noncoherent MIMO ultrawideband systems[J]. IEEE transactions on vehicular technology, 2013, 62(9): 4684-4690.

关于神经网络与信号检测相结合的研究层出不穷。Nachmani 等人[1]提出了一种深度学习方法，以提高用于信道译码的信念传播算法的性能，并注意到神经网络可以同时学习信道和线性码。Liang 等人[2]提出了一种新的迭代信念传播卷积神经网络架构，以更准确地估计 CSI。BP（Back Propagation，BP）神经网络与卷积神经网络之间的迭代会逐渐提高译码信噪比（Signal Noise Ratio，SNR），从而获得更好的译码性能。在 Toledo 等人[3]的研究中神经网络被用作 QAM 调制的解调器。仿真验证了该方法在保证错误率性能的同时，显著降低了高阶星座的复杂度。Yao 等人[4]设计了一个一阶线性对数似然比（Log-likelihood Ratio，LLR）近似解调器，用于解调灰度标记的高阶 QAM 调制，仿真结果和复杂度分析表明，所提出的解映射器与理论最大化后验概率解调器保持了几乎相同的误码率性能。Shental 等人[5]设计了一种高效、通用的 LLR 神经网络解调器，可以准确地复制对数最大后验算法，并大大降低 LLR 的计算复杂度。然而这些研究中的神经网络技术多应用于相干检测技术中，神经网络技术在非相干检测中的应用也被越来越多研究人员关注。

近年来，神经网络技术应用在非相干检测中研究人员做了以下研究。

---

① Nachmani E, Be'ery Y, Burshtein D. Learning to decode linear codes using deep learning[C]. 2016 54th Annual Allerton Conference on Communication, Control, and Computing (Allerton). IEEE, 2016: 341-346.

② Liang F, Shen C, Wu F. An Iterative BP-CNN Architecture for Channel Decoding[J], IEEE Journal of Selected Topics in Signal Processing, 2018, 12(1): 144-159.

③ Toledo R N, Akamine C, Jerji F, et al. M-QAM demodulation based on machine learning[C]. 2020 IEEE International Symposium on Broadband Multimedia Systems and Broadcasting (BMSB). IEEE, 2020: 1-6.

④ Yao Y, Su Y, Shi J, et al. A low-complexity soft QAM de-mapper based on first-order linear approximation[C]. 2015 IEEE 26th Annual International Symposium on Personal, Indoor, and Mobile Radio Communications (PIMRC). IEEE, 2015: 446-450.

⑤ Shental O, Hoydis J. "machine llrning": Learning to softly demodulate[C]. 2019 IEEE Globecom Workshops (GC Wkshps). IEEE, 2019: 1-7.

由于深度学习算法的泛化能力，Al-Baidhani 等人[①]介绍了一种可以在无线多径瑞利衰落信道上实现可靠数据传输的深度学习无线通信接收机。仿真表明与传统接收机相比，深度学习无线通信接收机实现了误码率方面的显著改善。Zheng 等人[②]在硬判决非相干接收机中使用深度神经网络替代它的整个信息恢复过程。仿真结果表明在复杂传输环境中，所设计接收机的检测性能优于传统的硬判决接收机。Shlezinger 等人[③]将深度神经网络集成到维特比算法中，该算法能够在不需要瞬时 CSI 或额外训练数据的情况下跟踪时变信道。仿真结果表明该算法对 CSI 不确定性具有鲁棒性，可以在计算负担受限的复杂信道模型中实现。Zheng 等人[④]研究了一种基于硬比特信息驱动的可变输入和输出长度的全卷积神经网络解调器，该神经网络输出层实现了 LLR 的提取。仿真结果表明在非理想信道场景下，所提解调器的信道译码的性能优于假设理想 AWGN 下精确 LLR 译码的性能。

随着神经网络技术在通信系统中的深入研究，它在信道编码方面也显示出了巨大的潜力。Deng 等人[⑤]研究了一种高效的降低复杂度的深度

① Al-Baidhani A, Fan H H. Deep ensemble learning: A communications receiver over wireless fading channels[C]. 2019 IEEE Global Conference on Signal and Information Processing (GlobalSIP). IEEE, 2019: 1-5.

② Zheng S, Chen S, Yang X. DeepReceiver: A deep learning-based intelligent receiver for wireless communications in the physical layer[J]. IEEE Transactions on Cognitive Communications and Networking, 2020, 7(1): 5-20.

③ Shlezinger N, Farsad N, Eldar Y C, et al. ViterbiNet: A deep learning based Viterbi algorithm for symbol detection[J]. IEEE Transactions on Wireless Communications, 2020, 19(5): 3319-3331.

④ Zheng S, Zhou X, Chen S, et al. DemodNet: Learning soft demodulation from hard information using convolutional neural network[C]. ICC 2021-IEEE International Conference on Communications. IEEE, 2022: 1-6.

⑤ Deng C, Yuan S L B. Reduced-complexity deep neural network-aided channel code decoder: A case study for BCH decoder[C]. ICASSP 2019-2019 IEEE International Conference on Acoustics, Speech and Signal Processing (ICASSP). IEEE, 2019: 1468-1472.

神经网络辅助信道解码器。仿真结果表明，所提译码器译码性能与传统的 BCH 译码器相近，但收敛速度提高了 6 倍。Leung 等人[1]证明了神经网络技术应用在译码器中拥有很高的泛化能力，在 0 dB 信噪比数据训练的神经网络在很宽的信噪比值范围内都能有很好的译码性能。在这些神经网络技术成功应用于通信系统各个领域的研究的推动下，神经网络技术有望带给通信系统更多的性能提升，这需要人们进行更深入的讨论和研究。

1.3　IEEE 802.15.3QAM 物理层

IEEE 802.15 是 IEEE 802 国际标准委员会的一个制定 WPAN 标准的工作组，其定义了物理层（Physical Layer，PHY）和媒体访问控制层。IEEE 802.15 工作组现有 4 个，分别是：IEEE 802.15.1 工作组、IEEE 802.15.2 工作组、IEEE 802.15.3 工作组和 IEEE 802.15.4 工作组，其中，IEEE 802.15.3 工作组适用于高质量要求的多媒体应用领域。它可以提供低复杂性、低成本、低功耗和高数据速率的设备之间的无线连接，以支持各种应用，如快速大型多媒体数据下载和近距离的两个设备之间的文件交换，包括移动设备和固定设备或无线数据存储设备之间。该标准可与 IEEE 802.11、802.15.1 和 802.15.4 标准兼容，并能满足这些标准无法满足的应用需求。

IEEE 802.15.3 物理层运行在 2.4 GHz 频段。该条款指定了单载波系统的 PHY，该系统支持多达 5 种调制格式，编码速率为 11 M 波特率，

---

① Leung C T, Bhat R V, Motani M. Low-Latency neural decoders for linear and non-linear block codes[C]. 2019 IEEE Global Communications Conference (GLOBECOM). IEEE, 2019: 1-6.

以实现可扩展的数据速率。调制类型、编码和数据速率见表 1-1。PHY 的选择取决于各个国家和地区的规则和要求，IEEE 802.15.3 标准的制定符合各个国家和地区无线应用市场的兼容标准。

表 1-1　物理层 2.4 GHz 频段的调制类型、编码和数据速率

调制类型	编码	数据速率
QPSK	8-state TCM	11 Mb/s
DQPSK	none	22 Mb/s
16-QAM	8-state TCM	33 Mb/s
31-QAM	8-state TCM	44 Mb/s
64-QAM	8-state TCM	55 Mb/s

本研究着重于 QAM 物理层数字基带的研究，接下来将重点阐述与本标准相关的 QAM 物理层规范。

1.3.1　扩频和调制

为提高 QAM 物理层信息传输的鲁棒性，采用格雷码和伪随机比特序列、线性反馈移位寄存器进行码扩频。扩频因子为 64，格雷序列见表 1-2。

表 1-2　长度为 64 的格雷序列

序列名	序列值
a_{64}	0x63AF05C963500536
b_{64}	0x6CA00AC66C5F0A39

码扩频的实现如图 1-1 所示，使用线性反馈寄存器生成伪随机比特序列，将输入比特从 1 比特扩展为 64 比特，即根据线性反馈移位寄存器的输出，每个位都用 a_{64} 序列或 b_{64} 序列进行扩频。线性反馈寄存器初始

化 15 比特种子值是：$[X_{-1}, X_{-2}, \cdots, X_{-15}] = [0101\ 000\ 0011\ 111]$。每个输入比特按照伪随机序列的输出值选择与 a_{64} 序列或 b_{64} 序列异或输出，扩频输出值见表 1-3。

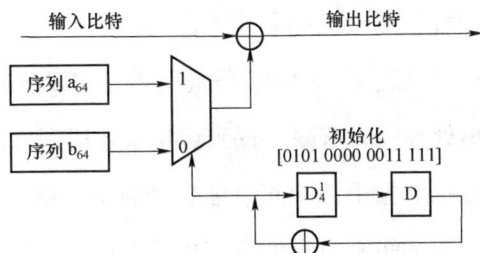

图 1-1　QAM 物理层码扩频的实现

表 1-3　比特-码片映射

扩频序列 s_y	输入比特	伪随机序列值	输出序列
s_1	0	0	$a_{64} \oplus 0$
s_2	0	1	$b_{64} \oplus 0$
s_3	1	0	$a_{64} \oplus 1$
s_4	1	1	$b_{64} \oplus 1$

信号经过传输后，将比特插入星座映射器，物理层星座的映射规则如图 1-2 所示。

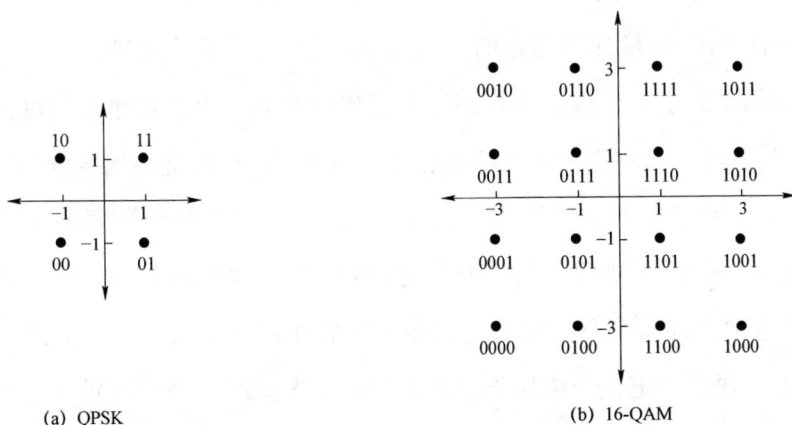

(a) QPSK　　　　　　　　(b) 16-QAM

图 1-2　QPSK、16-QAM 调制星座图

1.3.2 LDPC 码

LDPC 码是一种错误纠正编码技术，它被广泛用于数字通信领域，特别是无线通信和卫星通信。LDPC 码最早由 Gallager 在 1963 年提出，但由于当时计算机处理能力有限，直到近年来才得到广泛应用。

LDPC 码通过在数据中添加冗余信息来纠正数据传输过程中可能发生的错误。LDPC 码的矩阵具有低密度性质，即该矩阵的绝大多数元素为 0，所以又被称为低密度的奇偶校验码，与其他编码技术相比，这使得 LDPC 码的编码和解码过程可以高效地实现。LDPC 码具有较低的误码率和更高的编码效率，因此被广泛应用于数字通信系统中，如在卫星通信、数字电视、有线电视、无线局域网和移动通信等领域中都有应用。

将 LDPC 码的校验矩阵 H 的码长设为 N，信息位为 K，校验位为 $M = N - K$，码率为 $R = K/N$，则校验矩阵 H 是一个 $M \times N$ 的矩阵。而根据校验矩阵的结构，LDPC 码可以分为两类：一种是规则 LDPC 码，它是指校验矩阵的结构具有一定的规则性，如矩阵中每一行和每一列的"1"数量都是固定的，或者矩阵中"1"的分布满足一定的规律如图 1-3 所示。因此它在编码和译码时具有一定的规律性和可预测性。另一种是非规则 LDPC 码如图 1-4 所示，它在构造编码矩阵时，没有采用固定的规则或者模板，而是通过随机生成的矩阵或者使用伪随机数序列构造 H 矩阵。相对于规则 LDPC 码，非规则 LDPC 码的译码性能通常更好，但是它们的编码和译码算法相对复杂一些。因此，非规则 LDPC 码更适合应用于高速传输、高误差纠正等对译码性能要求较高的场景。

	x_1	x_2	x_3	x_4	x_5	x_6	x_7	x_8	x_9	x_{10}
z_1	1	1	1	1	0	0	0	0	0	0
z_2	1	0	0	0	1	1	1	0	0	0
z_3	0	1	0	0	1	0	0	1	1	0
z_4	0	0	1	0	0	1	0	1	0	1
z_5	0	0	0	1	0	0	1	0	1	1

图 1-3 （10，2，4）LDPC 码的校验矩阵

$$H = \begin{bmatrix} 1 & 1 & 0 & 0 & 0 & 1 & 0 & 1 & 0 & 1 \\ 0 & 1 & 1 & 0 & 0 & 1 & 0 & 0 & 1 & 0 \\ 0 & 0 & 1 & 1 & 0 & 0 & 1 & 1 & 0 & 1 \\ 0 & 0 & 0 & 1 & 1 & 1 & 0 & 0 & 1 & 0 \\ 1 & 0 & 0 & 0 & 1 & 0 & 1 & 0 & 1 & 0 \end{bmatrix}$$

图 1-4 （10，5）不规则 LDPC 码的校验矩阵

在 IEEE 802.15.3 标准中非规则 LDPC 码中的校验矩阵 **H** 都可以划分为大小为 $a \times a$，$a = 21$ 的正方形子块（子矩阵）。这些子矩阵要么是单位矩阵的循环排列，要么是全零子矩阵，子矩阵的循环排列矩阵 $\mathbf{p}^i$ 是由单位矩阵 $\mathbf{I}_{21 \times 21}$ 通过将列向左循环移动 i 个元素得到的，矩阵 $\mathbf{p}^0$ 是 $a \times a$ 单位矩阵。

$$\mathbf{p}^0 = \begin{bmatrix} 1 & 0 & \cdots & \cdots & 0 \\ 0 & 1 & 0 & \cdots & 0 \\ \cdots & 0 & & 0 & \cdots \\ 0 & \cdots & 0 & 1 & 0 \\ 0 & \cdots & \cdots & 0 & 1 \end{bmatrix} \quad \mathbf{p}^1 = \begin{bmatrix} 0 & \cdots & \cdots & 0 & 1 \\ 1 & 0 & \cdots & \cdots & 0 \\ 0 & 1 & 0 & \cdots & 0 \\ \cdots & 0 & 1 & 0 & 0 \\ 0 & \cdots & 0 & 1 & 0 \end{bmatrix} \quad \mathbf{p}^2 = \begin{bmatrix} 0 & \cdots & 0 & 1 & 1 \\ 0 & \cdots & \cdots & 0 & 1 \\ 1 & 0 & \cdots & \cdots & 0 \\ 0 & 1 & 0 & \cdots & 0 \\ 0 & 0 & 1 & 0 & 0 \end{bmatrix}$$

所有上述矩阵的维数都为 21×21。由于循环排列，$\mathbf{p}^{21} = \mathbf{p}^0 = \mathbf{I}_{21 \times 21}$。图 1-5 显示了在块长度 $n = 672$ 时，三种速率的奇偶检验矩阵的矩阵排列指数。整数 i 表示循环排列矩阵 $\mathbf{p}^i$，如上例所述。表中的 "-" 项表示全零子矩阵。

(672，588) 码率 R=7/8

(672,588)	1	2	3	4	5	6	7	8	9	10	11	12	13	14	15	16	17	18	19	20	21	22	23	24	25	26	27	28	29	30	31	32
1	0	18	6	5	7	18	16	0	-	2	3	6	10	16	9	0	20	7	9	5	4	12	4	4	4	10	19	5	10	-	-	-
2	5	0	18	6	16	0	18	16	10	0	2	3	0	0	16	9	5	20	9	5	4	4	12	4	5	5	10	19	19	10	-	-
3	6	5	0	18	16	0	-	18	3	6	10	2	16	10	0	16	0	-	20	7	4	4	4	12	19	5	4	10	17	19	10	-
4	18	6	5	0	18	16	0	7	2	3	6	0	9	9	-	10	7	-	-	20	12	4	4	4	10	19	5	4	7	17	19	19

(a)（672，588）的矩阵排列指数

(672，504) 码率 R=3/4

(672,504)	1	2	3	4	5	6	7	8	9	10	11	12	13	14	15	16	17	18	19	20	21	22	23	24	25	26	27	28	29	30	31	32
1	0	-	-	5	-	18	16	-	-	-	3	6	10	-	-	0	-	7	-	5	4	-	4	4	-	10	-	5	-	30	-	-
2	-	18	6	5	7	18	-	0	10	2	-	6	-	16	9	0	20	7	9	5	4	12	-	4	4	10	19	5	19	-	-	-
3	5	0	6	-	-	0	18	16	10	-	-	3	0	10	9	9	5	-	7	9	4	4	12	4	5	4	10	19	19	10	-	-
4	-	-	18	6	0	7	18	16	6	10	2	-	-	0	16	9	5	20	-	9	4	4	12	4	-	4	5	19	19	10	-	-
5	6	5	18	18	16	0	-	18	3	6	10	2	9	-	16	16	-	5	20	7	4	4	4	12	19	5	5	-	7	-	19	-
6	6	5	-	18	-	16	7	-	-	3	10	2	9	-	0	10	9	5	20	-	4	4	4	10	10	5	-	-	7	-	-	19
7	-	-	5	0	18	0	0	7	2	3	6	10	16	9	0	10	7	9	5	20	12	4	4	4	10	19	5	4	7	17	19	-
8	18	6	-	0	-	16	0	7	2	-	6	10	16	9	-	-	-	9	20	20	12	4	4	4	-	19	19	4	-	17	-	10

(b)（672，504）的矩阵排列指数

图1-5 结构化奇偶校验矩阵的矩阵排列指数

(672,336) 码率 R=1/2	1	2	3	4	5	6	7	8	9	10	11	12	13	14	15	16	17	18	19	20	21	22	23	24	25	26	27	28	29	30	31	32
1	-	0	-	-	-	-	-	-	-	-	-	-	-	-	-	-	-	-	-	-	-	-	-	-	-	-	-	-	-	7	-	-
2	-	-	6	5	-	18	16	-	-	-	3	6	10	-	-	0	-	7	-	5	-	-	-	-	-	10	-	5	-	7	-	19
3	-	-	-	-	7	-	-	-	-	-	-	-	-	-	9	-	20	-	9	-	-	-	-	-	4	-	19	-	10	-	17	-
4	18	-	6	-	-	-	-	0	10	-	-	-	-	16	-	-	-	-	-	-	-	-	-	12	-	-	19	-	17	-	-	-
5	-	5	-	-	-	-	18	16	6	-	2	-	0	10	-	9	5	-	7	-	-	-	4	-	-	-	-	-	19	-	7	-
6	-	0	18	-	-	7	-	-	-	-	-	-	-	-	16	-	-	20	-	9	4	4	-	-	19	5	-	-	-	-	-	17
7	-	-	-	6	-	-	-	-	3	-	2	-	-	-	10	9	-	-	-	7	-	-	-	-	-	-	-	-	-	-	-	7
8	-	-	18	-	0	-	7	18	-	6	-	2	-	0	-	-	-	-	-	-	-	-	-	-	-	-	4	-	17	10	-	-
9	-	5	-	-	-	-	-	-	-	10	-	-	-	-	-	-	-	-	-	-	-	-	-	-	-	5	-	-	-	-	-	-
10	6	-	0	-	16	0	7	18	3	6	-	2	-	0	-	16	20	-	20	7	7	4	4	-	19	-	-	10	-	19	-	-
11	6	-	-	18	-	-	-	-	-	6	10	-	-	-	-	16	9	-	-	-	-	-	-	-	-	-	4	-	-	-	-	-
12	-	-	-	18	-	-	-	16	-	-	-	-	-	-	-	10	-	-	5	-	-	-	-	12	-	-	5	-	17	-	-	-
13	-	-	5	0	18	-	-	-	-	3	6	-	-	-	-	-	7	-	-	-	-	-	-	-	10	-	-	-	-	-	-	-
14	-	6	-	0	-	16	-	7	2	-	-	-	-	9	-	-	-	-	-	20	-	-	-	-	-	-	-	-	-	-	-	-
15	-	-	-	-	-	-	7	-	-	-	-	10	16	-	-	-	-	9	-	-	-	-	-	-	-	19	-	-	-	-	-	7
16	18	-	-	-	-	-	0	-	-	-	-	-	-	-	-	-	-	-	-	-	-	-	-	-	4	-	-	4	-	-	-	-

(c) （672，336）的矩阵排列指数

图 1-5 结构化奇偶校验矩阵的矩阵排列指数（续）

LDPC 码的译码方式通常采用迭代译码在每一次迭代中，计算节点会将所接收到的信息传递给它所连接的校验节点，而校验节点会计算它所连接的计算节点的输出信息，然后将结果返回给它所连接的计算节点。经过多次迭代计算，可以得到 LDPC 码的译码结果。LDPC 码的译码算法可以分为两种：一种是基于硬判决的译码算法如比特翻转译码算法；另一种是基于软判决的译码算法如置信传播（Belief Propagation，BP）译码算法。在进行迭代译码的时，节点间的信息相互传递，硬判决直接判断信息是"0"或是"1"，而软判决表示接收信号的概率分布信息进行判决。硬判决的译码算法计算简单，可以较快地得到译码结果，但它的译码性能通常不如软判决的译码算法，这是因为硬判决算法忽略了接收到的信号的概率分布信息，而概率分布信息对 LDPC 码的译码性能有很大的影响。因此，在实际应用中，通常会采用软判决的译码算法来提高 LDPC 码的译码性能。

1.4　神经网络概述

1.4.1　神经网络的基本原理

神经网络是一种计算模型，受到生物神经元网络的启发，它由大量的人工神经元相互连接组成，能够模拟人脑的学习和推理能力，而人工神经元是神经网络的最基本的处理单元。神经网络的最早建模可以追溯到 20 世纪 40 年代，数学家沃尔特·皮茨（Walter Pitts）和生理学家沃伦·麦卡洛克（Warren McCulloch）对生物神经元出了一个理论模型，称为 McCulloch-Pitts 模型，用于描述单个神经元的行为，该模型被认为是神经网络建模的基础，即后来广为人知的 M-P 模型。M-P 模型如图 1-6 所示。

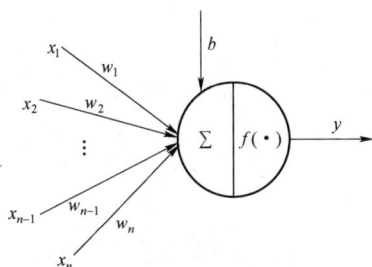

图 1-6　基本神经元结构

人工神经网络是将多个神经元按照一定的规则组织在一起，结合 M-P 模型，某一神经元的输出记为：

$$y = f\left(\sum_i x_i w_i + b\right) \tag{1-1}$$

其中，x_i 表示神经元的输入。w_i 表示某一特定神经元 i 和与输入之间的权值，权值的取值范围可正可负。b 表示神经元的偏置。$f(\bullet)$ 为神经元激活函数。

激活函数使得神经网络能够学习更加复杂的模型，从而提高网络的性能。通常激活函数的输出会被限制在 $[0,1]$ 或者 $[-1,1]$ 之间，激活函数的种类较多，在实际应用中可根据神经网络的具体功能做相应的选择，下面介绍几种常见的激活函数。

（1）Sigmoid 函数（又称 S 型函数），值域为 $[0, 1]$，如图 1-7 所示。在人工神经网络技术中用途最为广泛。Sigmoid 函数定义为：

$$f_{\text{Sigmoid}}(x) = \frac{1}{1+e^{-x}} \tag{1-2}$$

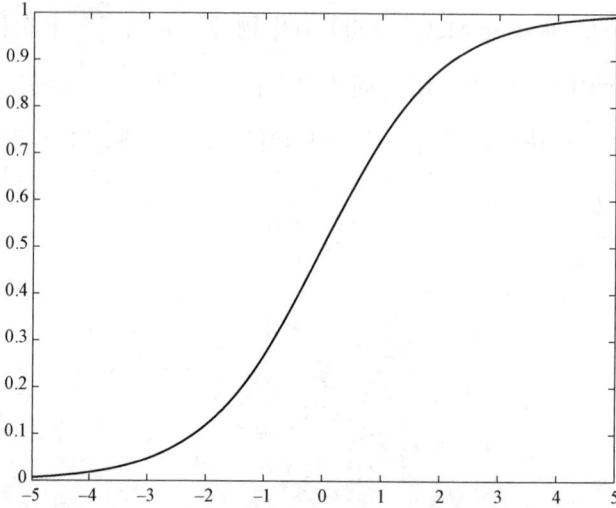

图 1-7　S 形激活函数

（2）双曲正切 Tanh 函数，值域为 $[-1,1]$，如图 1-8 所示。Tanh 函数
定义为：

$$f_{\text{Tanh}}(x) = \frac{e^x - e^{-x}}{e^x + e^{-x}} \qquad (1\text{-}3)$$

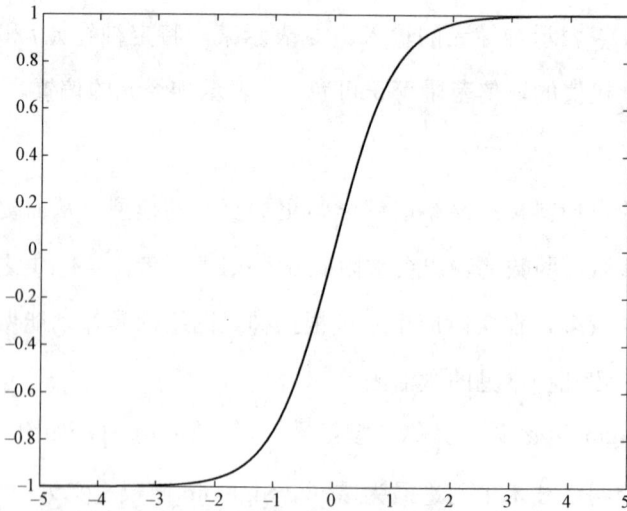

图 1-8　双曲正切 Tanh 激活函数

（3）线性函数，函数值连续如图 1-9 所示。线性函数定义为：

$$f(x) = x \qquad\qquad (1\text{-}4)$$

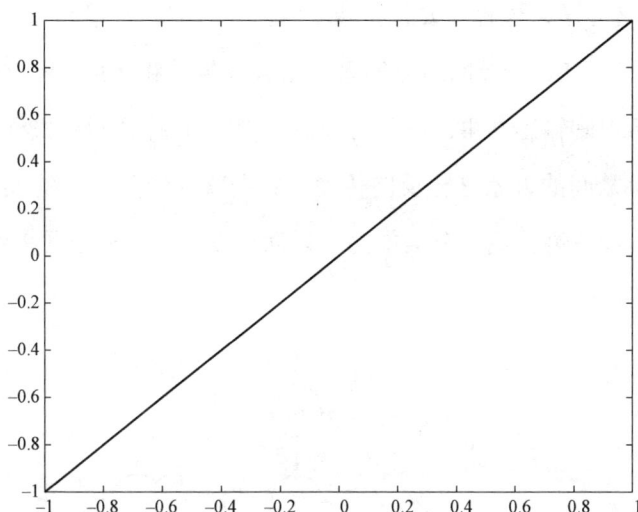

图 1-9 线性函数

不同激活函数应用于神经网络中有不同特性，Sigmoid 函数可以将神经元的输出映射到 0 到 1 之间，也经常在逻辑回归等分类算法中被用来表示概率值。但是，Sigmoid 函数也有一些缺点，如饱和性问题和输出、不是以 0 为中心等。而 Tanh 函数与 Sigmoid 函数类似，但它在原点上方有对称性，可以表示正负变化，因此在某些情况下，Tanh 函数也比 Sigmoid 函数更适合用作神经网络的激活函数。总之选择不同的激活函数应用于不同的神经网络架构中可以解决不同类型的问题。

1.4.2 BP 神经网络

BP 神经网络是一种常用的人工神经网络模型，在 1986 年由大卫 • 鲁梅尔哈特（David Rumelhart）和杰伊 • 麦克莱兰（Jay McClelland）为首的科学家提出的概念，是应用最广泛的神经网络。它由多个神经元相互连接而成，其中包括输入层、输出层和至少一个或多个中间的隐藏层。BP 神经网络的学习过程主要包括两个阶段，即前向传播和反向传播。在前向传播阶段，BP 神经网络将输入数据进行传递和转换，经过多层神经元的计算后得到输出结果。在反向传播阶段，BP 神经网络根据输出结果和期望结果之间的误差进行反向传播，并调整神经元之间的连接权重，以减小误差和提高预测和分类能力。以简单 3 层 BP 神经网络图 1-10 为例说明。

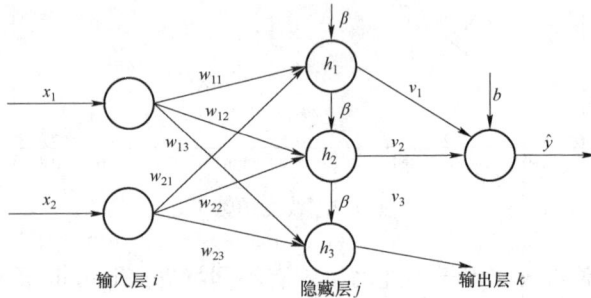

图 1-10　简单 3 层 BP 神经网络

BP 神经网络正向传播时，根据公式（1-3），从网络的输入层向后逐层计算各神经元的输出：

$$h_j = f\left(\sum_i \sum_j x_i w_{ij} + \beta_{ij}\right)$$

$$\hat{y} = f\left(\sum_j h_j v_j + b\right)$$

（1-5）

其中，x_i 表示神经元的输入。w_{ij} 表示输入神经层与隐藏层之间的权值，v_j 表示隐藏层与输出层之间的权值，权值的取值范围可正可负。h_j 表示隐藏层的输出，$\hat{y}$ 表示输出层的输出，β_{ij} 表示隐藏层的偏置，b 表示输出层的偏置。根据梯度下降法神经网络输出层和隐藏层之间的权重和偏置更新公式为：

$$v_{jk}(t+1)=v_{jk}(t)-\alpha\frac{\partial L}{\partial v_{jk}}$$

$$b_{jk}(t+1)=b_{jk}(t)-\alpha\frac{\partial L}{\partial b_{jk}}$$

（1-6）

其中，L 为神经网络输出误差值，α 为神经网络的学习效率，$\dfrac{\partial L}{\partial b_{jk}}$ 可由链式法则求得 $\dfrac{\partial L}{\partial b_{jk}}=\dfrac{\partial L}{\partial \hat{y}_{jk}}\dfrac{\partial \hat{y}_{jk}}{\partial b_{jk}}$。

神经网络隐含层和输入层之间权重和偏置更新公式为：

$$w_{ij}(t+1)=w_{ij}(t)-\eta\frac{\partial L}{\partial w_{ij}}$$

$$\beta_{ij}(t+1)=\beta_{ij}(t)-\eta\frac{\partial L}{\partial \beta_{ij}}$$

（1-7）

其中，$\dfrac{\partial L}{\partial w_{ij}}=\dfrac{\partial L}{\partial \hat{y}}\dfrac{\partial \hat{y}}{\partial h_{ij}}\dfrac{\partial h_{ij}}{\partial w_{ij}}$，$\dfrac{\partial L}{\partial \beta_{ij}}=\dfrac{\partial L}{\partial \hat{y}}\dfrac{\partial \hat{y}}{\partial u}\dfrac{\partial u}{\partial h_{j}}\dfrac{\partial h_{j}}{\partial \beta_{ij}}$，$u=\sum\limits_{j}h_{j}v_{j}+b$。

1.5　本章小结

本章主要介绍了 IEEE 802.15.3 QAM 物理层以及神经网络的相关基础知识。首先描述 IEEE 802.15.3 协议，QAM 调制的 PHY 和 LDPC 码，以及神经网络基础。本章介绍的 IEEE 802.15.3 QAM 物理层和神经网络是本研究后续章节中信号处理环节实现的基础。

第 2 章
相位调制的相干检测与
性能评估

本章首先介绍具有恒包络特性的连续相位调制（Continue Phase Modulation，CPM）和 M 相相位调制（M-ary Phase Shift Keying，MPSK）调制的相干检测。其次，以信道容量、比特级互信息和外信息转移（Extrinsic Information Transfer，EXIT）图为工具对调制系统的性能进行分析。

2.1　多相信号的相位特性及相干检测

2.1.1　CPM 信号的相位特性及相干检测

二元 CPM 信号在单个符号周期内的波形为：

$$s(t) = \sqrt{\frac{2E}{T}} \cos(2\pi f_c t + \phi(t; I) + \phi_0) \quad (nT \leqslant t \leqslant (n+1)T) \qquad (2\text{-}1)$$

其中，E 和 T 分别表示符号能量和持续时间，f_c 表示载波频率，ϕ_0 为初始相位，可设为 0，$\phi(t; I)$ 为载波相位。$\phi(t; I)$ 可表示为[①]：

$$\phi(t; I) = 2\pi \sum_{k=-\infty}^{n} I_k h_k q(t - kT_b) \quad (nT_b \leqslant t \leqslant (n+1)T_b) \qquad (2\text{-}2)$$

其中，$\{I_k\}$ 是双极性序列，$I_k \in \{\pm 1\}$；调制指数 $\{h_k\}$ 随时间变化时称为多重调制指数 CPM；$q(t)$ 是归一化波形，可表示为某个脉冲 $g(t)$ 的积分：

$$q(t) = \int_0^t g(\tau)\, \mathrm{d}\tau$$

如果 $t > T$ 时 $g(t) = 0$，则 CPM 信号称为全响应 CPM，否则称为部分相应 CPM。经常采用的 $g(t)$ 是矩形脉冲或升余弦脉冲，持续时间为 LT，L

---

① ［美］John G.Proakis.数字通信（第四版）［M］. 张力军，译. 北京：电子工业出版社，2004.

为不小于 1 的正整数。

MSK 是调制指数 $h=1/2$ 的全响应 CPM 方案，$g(t)$、$q(t)$ 和 $s(t)$ 分别为，

$$g(t)=\begin{cases}\dfrac{1}{2T}, & 0 \leqslant t \leqslant T \\ 0, & \text{其他}\end{cases} \tag{2-3}$$

$$q(t)=\begin{cases}\dfrac{t}{2T}, & 0 \leqslant t \leqslant T \\ \dfrac{1}{2}, & \text{其他}\end{cases} \tag{2-4}$$

$$s(t)=\sqrt{\dfrac{2E}{T}}\cos\left(2\pi f_c t+\dfrac{\pi}{2T}\sum_{k=-\infty}^{n}I_k(t-kT)\right) \quad (nT \leqslant t \leqslant (n+1)T) \tag{2-5}$$

$\phi(t;\boldsymbol{I})$ 的相位图或相位轨迹可描述 CPM 信号在时间上的相位变化过程。物理上相位仅在 $(0,2\pi)$ 内变化，所以 $\phi(t;\boldsymbol{I})$ 以模 2π 形式表现的相位树是一个栅格图，最小频移键控（Minimum Shift Keying，MSK）调制的相位栅格图如图 2-1 所示。

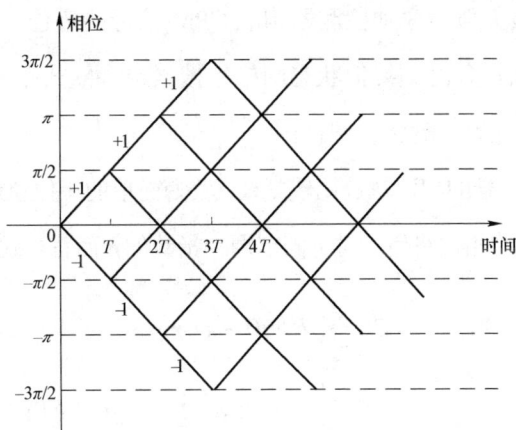

图 2-1　MSK 的相位网格图

由图 2-1 可知，当数据比特为+1 时，相位在单位时间内增加 $\pi/2$，否

则减小 $\pi/2$ 。

MSK 也可看做一种特殊的偏移四相相移键控（Offset Quadrature Phase Shift Keying，O-QPSK）调制，此时可将式（2-5）表示为：

$$s(t) = \sqrt{\frac{2E}{T}}[\cos\phi(t,\boldsymbol{I})\cos 2\pi f_c t - \sin\phi(t,\boldsymbol{I})\sin 2\pi f_c t] \quad (nT \leqslant t \leqslant (n+1)T)$$

其中：

$$\begin{cases} \cos\phi(t,\boldsymbol{I}) = \cos\left(I_k \frac{\pi}{2T_b}t + x_k\right) = a_n \cos\left(\frac{\pi}{2T_b}t\right), a_k = \cos x_k = \pm 1 \\ \sin\phi(t,\boldsymbol{I}) = \sin\left(I_k \frac{\pi}{2T_b}t + x_k\right) = b_n \cos\left(\frac{\pi}{2T_b}t\right), b_k = I_k \cos x_k = \pm 1 \quad (2\text{-}6) \\ x_k = \frac{\pi}{2}\sum_{i \leqslant k-1} I_i \end{cases}$$

式（2-6）中的 x_k 表示第 k 时刻的累积相位。由 MSK 的相位网格特性可知，当 k 为奇数时，x_k 为 $\pi/2$ 的奇整数倍，当 k 为偶数时，x_k 为 $\pi/2$ 的偶整数倍。

相关器加最大似然序列检测器构成 CPM 信号的最佳接收机。接收机可采用维特比算法在各时刻终值状态网格中搜索最小欧式距离路径。为此，需建立 CPM 信号的一般状态网格图。

通常 CPM 信号的相位轨迹比较复杂，较为简单的相位轨迹表示方法为仅显示 $t = kT$ 时刻的相位终值。对于固定调制指数的 h 而言，式（2-2）可变为：

$$\begin{aligned} \phi(t;\boldsymbol{I}) &= 2\pi\sum_{k=-\infty}^{n} I_k h q(t-kT) \\ &= \pi h\sum_{k=-\infty}^{n-L} I_k + 2\pi h\sum_{k=n-L+1}^{n} I_k q(t-kT) \quad (2\text{-}7) \\ &= \theta_n + \theta(t;\boldsymbol{I}) \quad (nT \leqslant t \leqslant (n+1)T) \end{aligned}$$

其中，θ_n 表示 $t = (n-L)T$ 时刻之前的相位贡献，$\theta(t;\boldsymbol{I})$ 表示

$t=(n-L+1)T$ 到 $t=nT$ 时间段内的相位贡献。限定 h 为有理数，即 $h=n/p$，其中 n 和 p 是整数且互素。当 n 为偶数时，全响应 CPM 信号在 $t=kT$ 的终值相位状态为：

$$\Theta = \left\{ 0, \frac{n\pi}{p}, \frac{2n\pi}{p}, \cdots, \frac{(p-1)n\pi}{p} \right\} \tag{2-8}$$

当 n 为奇数时有：

$$\Theta = \left\{ 0, \frac{n\pi}{p}, \frac{2n\pi}{p}, \cdots, \frac{2(p-1)\pi}{p} \right\} \tag{2-9}$$

当 $L=1$ 时，$t=kT$ 时刻的相位状态由式（2-8）或式（2-9）唯一决定，相邻符号间无记忆。例如，对于 MSK 而言，由于 $\theta_{n+1} = \theta_n + (\pi I_n)/2$，故如果 $I_n = +1$，则 $\theta_{n+1} = \theta_n + \pi/2$，否则 $\theta_{n+1} = \theta_n - \pi/2$。如果 $L>1$ 时，符号间的记忆性将引入附加状态。附加状态可通过对式（2-7）中 $t=(n-L+1)T$ 到 $t=nT$ 时间段内的相位贡献 $\theta(t; \boldsymbol{I})$ 进行再次拆分来识别。此时可将 $\theta(t; \boldsymbol{I})$ 表示为：

$$\theta(t; \boldsymbol{I}) = 2\pi h \sum_{k=n-L+1}^{n-1} I_k q(t-kT) + 2\pi h I_n q(t-nT) \tag{2-10}$$

式（2-10）右端第一项是由 $\{I_{n-1}, I_{n-2}, \cdots, I_{n-L+1}\}$ 决定的相关状态向量，第二项称为 I_n 的相位贡献。对于长度为 LT 的部分响应信号脉冲，CPM 信号在 $t=nT$ 的终值相位状态可表示由累积状态 θ_n 和相关状态向量决定，记为：

$$S_n = \{\theta_n, I_{n-1}, I_{n-2}, \cdots, I_{n-L+1}\} \tag{2-11}$$

则在 $t=(n+1)T_b$ 时刻的状态为：

$$S_{n+1} = \{\theta_{n+1}, I_n, I_{n-1}, \cdots, I_{n-L+2}\} \tag{2-12}$$

由 θ_n 的表示形式可知 $\theta_{n+1} = \theta_n + \pi h I_{n-L+1}$。由 (S_n, S_{n+1}) 可建立相位状

态网格图。图 2-2 给出 MSK 和 $h = 3/4$, $L = 2$ 的部分响应 CPM 状态网格图。

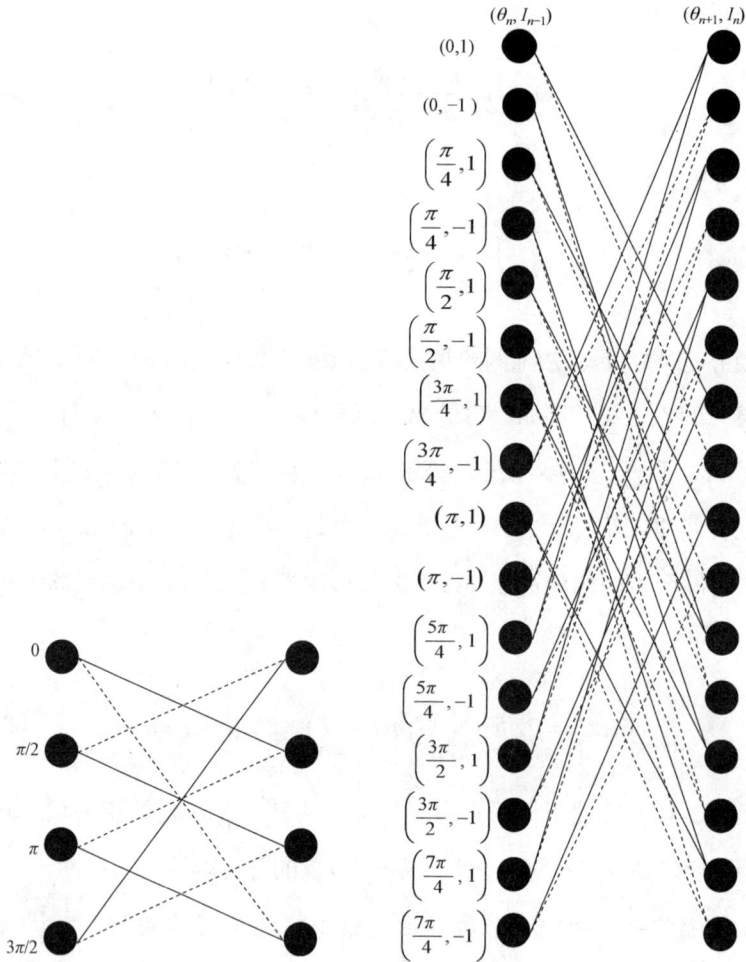

图 2-2　MSK 和 $h = 3/4$, $L = 2$ 的部分响应 CPM 的状态网格图

设经加性高斯白噪声（Additive White Gaussian Noise，AWGN）信道传输的接收信号为 $r(t)$，则 nT 时刻维特比算法所需的状态度量为：

$$\gamma(\theta_n; \boldsymbol{I}) = \int_{nT}^{(n+1)T} r(t) \cos[\omega_c t + \theta(t; \boldsymbol{I}) + \theta_n] \mathrm{d}t \qquad （2-13）$$

符号序列 $\{I_n, I_{n-1}, \cdots, I_{n-L+2}\}$ 有 M^L 种可能，$\{\theta_n\}$ 有 p 或 $2p$ 种可能，故

每个信号间隔内要计算 $p \cdot M^L$ 或 $2p \cdot M^L$ 个 $\gamma(\theta_n; I)$。具体的接收机如图 2-3 所示。

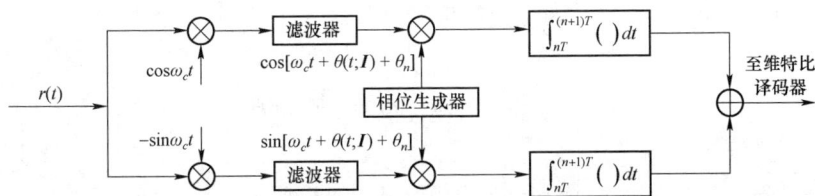

图 2-3　CPM 信号度量增量 $\gamma(\theta_n; I)$ 的计算框图

2.1.2　MPSK 信号的相干检测

在 MPSK 调制中，每个传输符号间隔内的 M 个可能传输波形可表示为：

$$
\begin{aligned}
s(t) &= \mathrm{Re}[g(t)e^{j2\pi(k-1)/M}e^{j2\pi f_c t}] \\
&= g(t)\cos\left(2\pi f_c t + \frac{2\pi}{M}(k-1)\right) \\
&= g(t)\cos\frac{2\pi}{M}(k-1)\cos 2\pi f_c t - g(t)\sin\frac{2\pi}{M}(k-1)\cos 2\pi f_c t \ (nT \leqslant t \leqslant (n+1)T)
\end{aligned}
$$

$$（2\text{-}14）$$

其中，$g(t)$ 是成形脉冲。$\theta_m = \dfrac{2\pi}{M}(m-1), m \in [1, M]$ 表示载波的 M 种可能相位。输入调制器的二元编码序列被分割成单个 m 比特分组，再以特定方式被映射成 M 种相位之一。

MPSK 信号的另一种表示方式为：

$$
\begin{cases}
s_k(t) = A\cos(2\pi f_c t + \theta_k) \\
\theta_k = \dfrac{\pi}{M}(2k-1)
\end{cases}
\tag{2-15}
$$

式（2-15）还可表示为：

$$s_k(t) = A\cos\theta_k \cos 2\pi f_c t + A\sin\theta_k \sin 2\pi f_c t \qquad (2\text{-}16)$$
$$= s_{k1}\phi_1(t) + s_{k2}\phi_2(t)$$

其中，$\phi_1(t)$ 和 $\phi_2(t)$ 为正交基信号，且：

$$\begin{cases} s_{k1} = \int_0^T s_k(t)\phi_1(t)\mathrm{d}t = \sqrt{E}\cos\theta_k \\[4mm] s_{k2} = \int_0^T s_k(t)\phi_2(t)\mathrm{d}t = \sqrt{E}\sin\theta_k \end{cases} \qquad (2\text{-}17)$$

s_{k1} 和 s_{k2} 共同决定已调信号的初始相位：$\theta_k = \tan^{-1}\dfrac{s_{k2}}{s_{k1}}$。在由 $\phi_1(t)$ 和

$\phi_2(t)$ 张成的二维欧式信号空间中，每个调制信号 $s_k(t)$ 都可以用 (s_{k1}, s_{k2}) 来

表示，极坐标表示形式为 $(\sqrt{E}, \theta_i)$。m 比特分组与 M 种相位间的非线性对

应关系在本文中被称为符号映射，CCSDS 标准中规范的格雷映射 8PSK 信

号空间如图 2-4 所示。

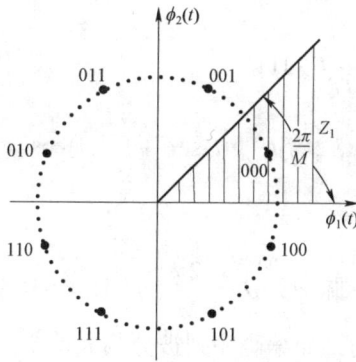

图 2-4　Gray 映射 8PSK 信号空间图

整个时间轴上的 MPSK 信号可表示为：

$$s(t) = s_1(t)\cos 2\pi f_c t - s_2(t)\sin 2\pi f_c t, \quad -\infty < t < +\infty \qquad (2\text{-}18)$$

其中：

$$
\begin{cases}
s_1(t) = A \displaystyle\sum_{k=-\infty}^{\infty} \cos(\theta_k)p(t-kT) \\
s_2(t) = A \displaystyle\sum_{k=-\infty}^{\infty} \sin(\theta_k)p(t-kT)
\end{cases}
$$

MPSK 的调制框图如图 2-5 所示。

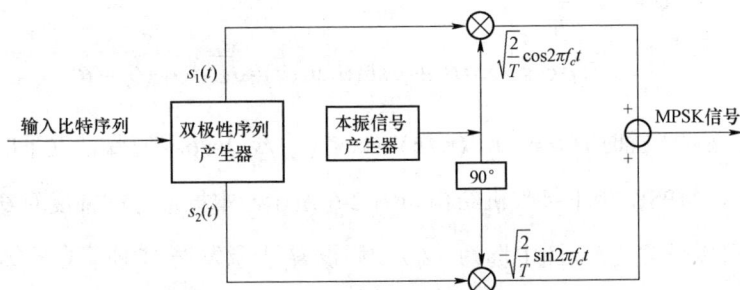

图 2-5　MPSK 调制器

MPSK 相干检测所需的充分统计量为：

$$
\begin{aligned}
l_k &= \int_0^T r(t)s_k(t)dt = \int_0^T r(t)[s_{k1}\phi_1(t) + s_{k2}\phi_2(t)]dt \\
&= \int_0^T r(t)[\sqrt{E}\cos\theta_k\phi_1(t) + \sqrt{E}\sin\theta_k\phi_2(t)]dt \\
&= \sqrt{E}[r_1\cos\theta_k + r_2\sin\theta_k]
\end{aligned}
$$

其中：

$$
\begin{cases}
r_1 = \displaystyle\int_0^T r(t)\,\phi_1(t)\mathrm{d}t = \int_0^T [s(t)+n(t)]\,\phi_1(t)\,\mathrm{d}t = s_{k1} + n_1 \\
r_2 = \displaystyle\int_0^T r(t)\,\phi_2(t)\mathrm{d}t = \int_0^T [s(t)+n(t)]\,\phi_2(t)\,\mathrm{d}t = s_{k2} + n_2
\end{cases}
\tag{2-19}
$$

r_1 和 r_2 是均值分别为 s_{k1} 和 s_{k2}，方差都为 $N_0/2$ 的高斯随机变量，且相互独立。令：

$$\begin{cases} r_1 = \rho\cos\hat{\theta} \\ r_2 = \rho\sin\hat{\theta} \end{cases} \tag{2-20}$$

从而有：

$$\begin{cases} \rho = \sqrt{r_1^2 + r_2^2} \\ \hat{\theta} = \tan^{-1}\dfrac{r_2}{r_1} \\ l_k = \sqrt{E}[\rho\cos\hat{\theta}\cos\theta_k + \rho\sin\hat{\theta}\sin\theta_k] = \sqrt{E}\rho\cos(\theta_k - \hat{\theta}) \end{cases} \tag{2-21}$$

无噪声干扰时有 $\hat{\theta} = \tan^{-1}(r_2/r_1) = \tan^{-1}(s_{k2}/s_{k1}) = \theta_k$，有噪情况下的 $\hat{\theta}$ 将偏离 θ_k。MPSK 相干接收机结构如图 2-6 所示，本振信号的幅度对 $\hat{\theta}$ 没有影响，可以任意选择，图中选为 $\sqrt{2/T}$。假设 H_i 表示发送 M 种信号的第 i 种，则有：

$$P(\boldsymbol{r}/H_i) = \frac{1}{\pi N_0}\exp\left\{-\frac{1}{N_0}[(r_1 - \sqrt{E}\cos\theta_i)^2 + (r_2 - \sqrt{E}\sin\theta_i)^2]\right\} \tag{2-22}$$

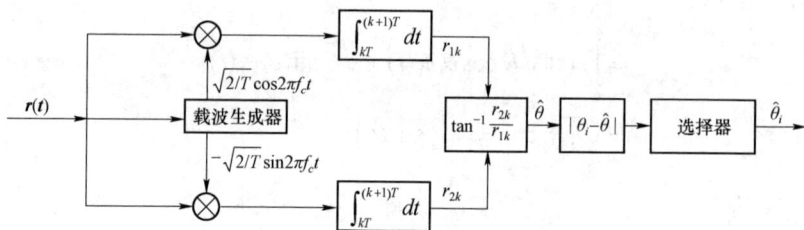

图 2-6　MPSK 相干接收机

将（2-21）代入（2-22）可得：

$$P(\rho,\hat{\theta}/H_i) = \frac{\rho}{\pi N_0}\exp\left\{-\frac{1}{N_0}[\rho^2 + E - 2\rho\sqrt{E}\cos(\hat{\theta}-\theta_i)]\right\} \tag{2-23}$$

则符号差错概率可表示为：

$$P_s = 1 - \int_{Z_i} \frac{1}{\pi N_0} \exp\left\{-\frac{1}{N_0}[\rho^2 + E - 2\rho\sqrt{E}\cos(\hat{\theta} - \theta_i)]\right\} \mathrm{d}\rho d\theta \qquad (2\text{-}24)$$
$$= 1 - \int_{Z_i} p(\rho, \hat{\theta}/H_i)\mathrm{d}\rho d\theta$$

令 $\varphi = \hat{\theta} - \theta_i$ 表示相位误差，则式（2-23）变为：

$$P(\rho, \hat{\theta}/H_i) = \frac{\rho}{\pi N_0} \exp\left\{-\frac{1}{N_0}[\rho^2 + E - 2\rho\sqrt{E}\cos\varphi]\right\} \qquad (2\text{-}25)$$

显然，式（2-25）与 H_i 无关，故式（2-25）为 $(\rho, \hat{\theta})$ 的联合概率分布。容易证明，ρ 服从莱斯分布。即：

$$P(\rho) = \frac{\rho}{\sigma^2} \exp\left(-\frac{\rho^2 + E}{2\sigma^2}\right) I_0\left(\frac{\rho\sqrt{E}}{\sigma^2}\right) \qquad (2\text{-}26)$$

其中，$I_0(\cdot)$ 为第一类 0 阶修正贝塞尔函数。

2.2　相位调制系统的渐进性能评估

典型的二元编码比特交织编码调制（Bit-Interleaved Coded Modulation，BICM）系统如图 2-7 所示。K 长二元序列 i 经编码后生成 N 长码字 $w = (w_1, \cdots, w_n, \cdots, w_N)$。对 w 进行比特交织并分割成 N/m 个子块，每个子块含 $m = \log_2 M$ 个比特。N/m 个子块经调制映射后输出符号序列 $\chi = (\chi_1, \cdots, \chi_n, \cdots, \chi_{N/m})$。$\chi$ 经 AWGN 信道传输后输出为 $r = (r_1, \cdots, r_n, \cdots, r_{N/m})$，其中 $r_n = \chi_n + \eta_n$，η_n 为复高斯白噪声。解调器对 r 处理后得到每个码元的对数似然比（Log-likelihood Ratio，LLR）值，译码判决结果为 $\hat{i}$。

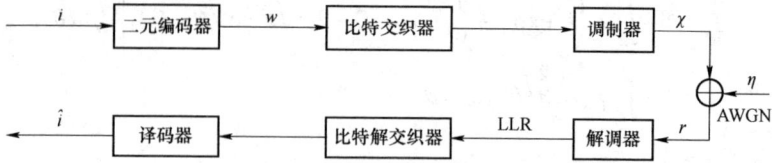

图 2-7　二元编码 BICM 系统框图

采用 Caire 并行等效模型时，二相相移键控（Binary Phase Shift Keying, BPSK）调制模式下的译码算法可直接运用于高阶调制 BICM 系统。记 M 元调制的星座点集合为 $\Psi=\{\varphi^1,\varphi^2,\cdots,\varphi^M\}$，则 $\chi_n\in\Psi$，且有 $\chi_n=\mu(w_{m(n-1)+1}, w_{m(n-1)+2},\cdots,w_{mn})$，$\mu(\bullet)$ 表示非线性映射函数。解调器由 r_n 得到 m 个比特 LLR：

$$\text{LLR}_{m(n-1)+i}=\ln\frac{P(w_{m(n-1)+i}=0)}{P(w_{m(n-1)+i}=1)}=\ln\frac{\sum_{\chi_n\in\Psi_i^0}P(\chi_n\mid r_n)}{\sum_{\chi_n\in\Psi_i^1}P(\chi_n\mid r_n)}=\ln\frac{\sum_{\chi_n\in\Psi_i^0}P(r_n\mid\chi_n)P(\chi_n)}{\sum_{\chi_n\in\Psi_i^1}P(r_n\mid\chi_n)P(\chi_n)},$$
$$i\in\{1,2,\cdots,m\}$$

$$(2\text{-}27)$$

其中，$\Psi_i^b, b\in\{0,1\}$ 表示第 i 位为 b 的星座点集合，$p(\chi_n)$ 表示 χ_n 的先验概率。

每个星座点等概发送时，式（2-27）变为：

$$\text{LLR}_{m(n-1)+i}=\ln\frac{\sum_{\chi_n\in\Psi_i^0}P(r_n\mid\chi_n)}{\sum_{\chi_n\in\Psi_i^1}P(r_n\mid\chi_n)}, \ i\in\{1,2,\cdots,m\} \qquad (2\text{-}28)$$

AWGN 信道条件下，$P(r_n\mid\chi_n=\varphi^j)$ 的计算方法为：

$$P(r_n\mid\chi_n=\varphi^j)=\frac{1}{2\pi\sigma^2}\exp\left(-\frac{\left\|r_n-\varphi^j\right\|^2}{2\sigma^2}\right) \qquad (2\text{-}29)$$

其中，$\left\|r_n-\varphi^j\right\|^2$ 表示 r_n 与 φ^j 间的平方欧式距离。

利用近似关系：

$$\ln[\exp(\delta_1)+\cdots+\exp(\delta_J)] \approx \max(\delta_1,\cdots,\delta_J)$$
$$= \max(\ln\exp(\delta_1),\cdots,\ln\exp(\delta_J))$$
$$= \ln[\max(\exp(\delta_1),\cdots,\exp(\delta_J))]$$

可得式（2-28）的一种简化形式：

$$\mathrm{LLR}_{m(n-1)+i} = \ln\frac{\sum\limits_{\chi_n\in\Psi_i^0}P(r_n\mid\chi_n)}{\sum\limits_{\chi_n\in\Psi_i^1}P(r_n\mid\chi_n)} \qquad (2\text{-}30)$$
$$\approx \max_{\chi_n\in\Psi_i^0}\{P(r_n\mid\chi_n)\}-\max_{\chi_n\in\Psi_i^1}\{P(r_n\mid\chi_n)\}$$
$$= \min_{\chi_n\in\Psi_i^0}\{\|r_n-\chi_n\|^2\}-\min_{\chi_n\in\Psi_i^1}\{\|r_n-\chi_n\|^2\}$$

在解调器和译码器间引入迭代过程，BICM 系统在 AWGN 信道条件下的性能得到很好地改善。二元编码比特交织编码调制迭代译码（BICM with Iterative Decoding，BICM-ID）系统可细分为硬判决反馈和软判决反馈两种形式，软判决反馈形式的实现结构如图 2-8 所示。

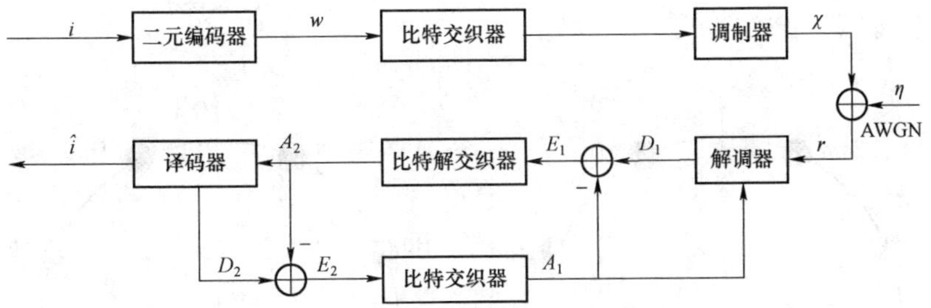

图 2-8　BICM-ID 软判决反馈系统框图

在软判决 BICM-ID 系统中，译码器得到的码元外信息送入解调器，解调器利用这些信息对每个星座点的先验概率进行修正。此时有：

$$\mathrm{LLR}_{m(n-1)+i}=\ln\frac{\sum\limits_{\chi_n\in\Psi_i^0}P(r_n\mid\chi_n)\prod\limits_{j\in\{1,2,\cdots,m\},j\neq i}P(w_{m(n-1)+j})}{\sum\limits_{\chi_n\in\Psi_i^1}P(r_n\mid\chi_n)\prod\limits_{j\in\{1,2,\cdots,m\},j\neq i}P(w_{m(n-1)+j})},\ i\in\{1,2,\cdots,m\}$$

$$(2\text{-}31)$$

其中，$P(w_{m(n-1)+j})$ 通过译码器得到的 LLR 外信息计算得到。

以 8PSK 为例，常用的映射方案包括：Gray 映射、集分割映射（Set Partitioning，SP）、anti-Gray 映射和基于最大平方欧氏重量（Maximum Squared Euclidean Weight，MSEW）映射准则的映射。每个映射方案的星座点分布如图 2-9 所示。

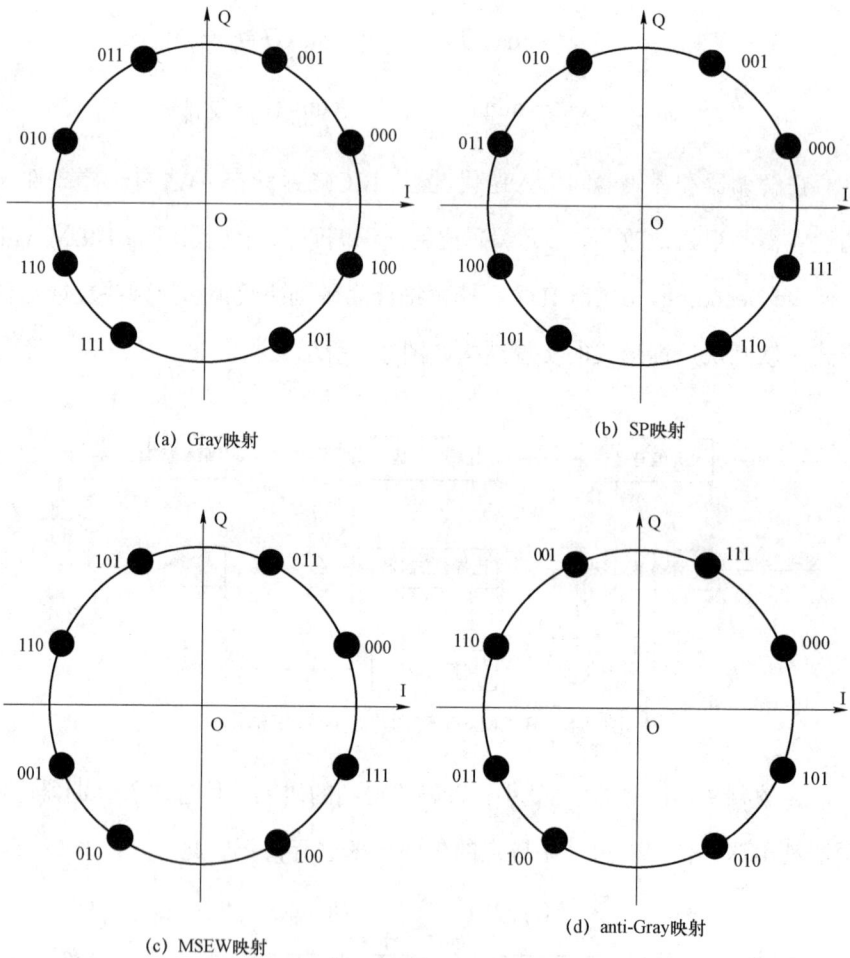

(a) Gray映射

(b) SP映射

(c) MSEW映射

(d) anti-Gray映射

图 2-9　不同映射方案的星座点分布

2.2.1　不同映射方式的信道容量

BICM 系统的信道容是分析不同映射方式的有效工具之一。记编码调制系统的信道容量为 C_{CM} ，则有：

$$
\begin{aligned}
C_{CM} &= I(\chi; r) \\
&= E\left[\log_2 \frac{P(r \mid \chi = \varphi^j)}{\sum_{\varphi^j \in \Psi} P(\chi = \varphi^j) P(r \mid \chi = \varphi^j)} \right] \quad （2\text{-}32） \\
&= m - E\left[\log_2 \frac{\sum_{\varphi^j \in \Psi} P(r \mid \chi = \varphi^j)}{P(r \mid \chi = \varphi^j)} \right]
\end{aligned}
$$

如果传输码率不高于 CM 信道容量，则存在可能的编码调制来实现可靠传输。由于不涉及迭代过程，接收端关于每个调制符号的信息完全未知。式（2-43）中第 3 步的得出正是基于每个星座符号先验等概发送的假设，即 $p(\chi = \varphi^i) = 1/M$ 。图 2-10 给出不同相位调制的信道容量。

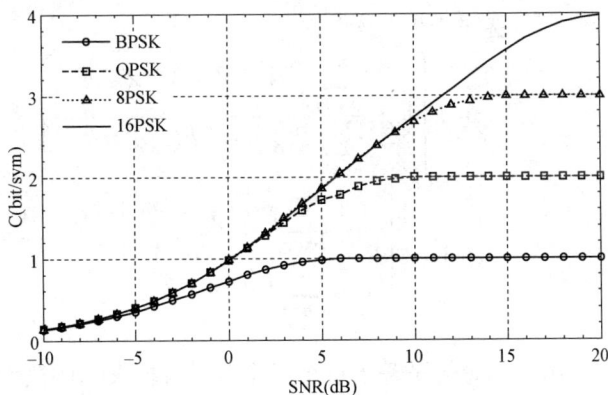

图 2-10　不同调制方式的信道容量

图 2-11 给出 BICM 系统的并行传输等效模型。

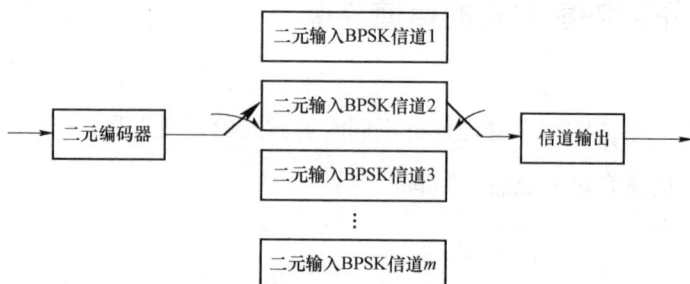

图 2-11　BICM 的并行等价信道模型

理想交织条件下，组成 χ_n 的 m 个比特被认为相互独立。m 个比特可等价于经由 m 个相互独立的 BPSK 并行信道传输后到达接收端。根据图 2-14 给出的等效模型，第 n 个调制符号中第 i 个比特的先验概率计算方法为：

$$P(w_{m(n-1)+i}=b)=\frac{\sum_{\varphi^j\in\Psi_i^b}P(r_n\,|\,\chi_n=\varphi^j)P(\chi_n=\varphi^j)}{\left|\Psi_i^b\right|},$$

$$i\in\{1,2,\cdots,m\},j\in\{1,2,\cdots,M\},b\in\{0,1\} \tag{2-33}$$

此时，BICM 系统第 i 个子信道的容量为：

$$
\begin{aligned}
C_{BICM,i} &= I(b;r\,|\,i)\\
&= E\left[\log_2\frac{\sum_{\varphi^j\in\Psi_i^b}P(\chi=\varphi^j)P(r\,|\,\chi=\varphi^j)}{\sum_{\varphi^j\in\Psi}P(\chi=\varphi^j)P(r\,|\,\chi=\varphi^j)}\right]\\
&= 1-E\left[\log_2\frac{\sum_{\varphi^j\in\Psi}P(r\,|\,\chi=\varphi^j)}{\sum_{\varphi^j\in\Psi_i^b}P(r\,|\,\chi=\varphi^j)}\right]
\end{aligned}
\tag{2-34}
$$

式（2-45）第 3 个等号是基于每个星座符号等概发送的假设。BICM 系统总容量为：

$$C_{BICM} = \sum_{i=1}^{m} I(b;r\,|\,i)$$

$$= mE\left[\log_2 \frac{\sum\limits_{\varphi^j \in \Psi_i^b} P(\chi = \varphi^j)P(r\,|\,\chi = \varphi^j)P(r\,|\,\chi)}{\sum\limits_{\varphi^j \in \Psi_i^b} P(\chi = \varphi^j)P(r\,|\,\chi = \varphi^j)}\right] \qquad （2\text{-}35）$$

$$= m - E\left[\log \frac{\sum\limits_{\varphi^j \in \Psi} P(r\,|\,\chi = \varphi^j)}{\sum\limits_{\varphi^j \in \Psi_i^b} P(r\,|\,\chi = \varphi^j)}\right]$$

比较式（2-32）和式（2-35）可知，$C_{BICM} < C_{CM}$。因此在并行等效模型下的 BICM 系统并非最优的，基于此模型得到的译码算法也是次优译码算法。

对于不同的映射方式，$\sum_{\varphi^j \in \Psi_i^b} P(\chi = \varphi^j)P(r\,|\,\chi = \varphi^j)$ 不同，通过式（2-35）得到的 C_{BICM} 也不同，图 2-12 给出 AWGN 信道条件下的 C_{CM}，4 种不同映射方式的 C_{BICM}。由图 2-12 可知，C_{BICM} 都小于 C_{CM}。采用 Gray 映射的 C_{BICM} 和 C_{CM} 最为接近。因此，对于 BICM 系统，Gray 映射是最佳的映射方式。

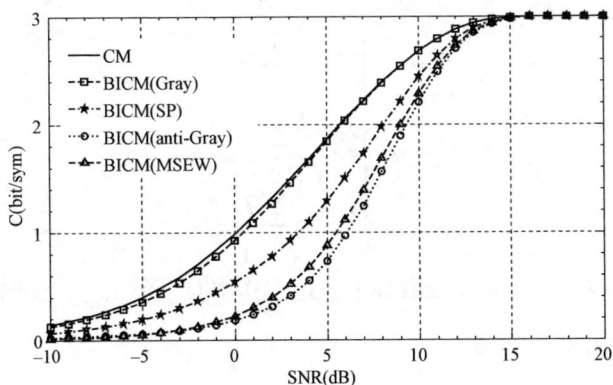

图 2-12　AWGN 信道条件下，8PSK 的 $\sum_{\varphi^j \in \Psi_i^b} P(\chi = \varphi^j)P(r\,|\,\chi = \varphi^j)$
和 4 种典型映射方式的 C_{BICM}

2.2.2　比特级互信息度量准则

基于不同映射方式的调制器在 BICM-ID 系统中的性能可以通过互信息来衡量。以 8PSK 为例，由 r 和 $\{w_i(i=1,2,3)\}$ 可定义 9 种比特级互信息，分别为：

$$\begin{cases} I_{10} = I(w_1;r \mid w_2 \text{和} w_3 \text{中有0个已知}) \\ I_{11} = I(w_1;r \mid w_2 \text{和} w_3 \text{中有1个已知}) \\ I_{12} = I(w_1;r \mid w_2 \text{和} w_3 \text{中有2个已知}) \end{cases} \tag{2-36}$$

$$\begin{cases} I_{20} = I(w_2;r \mid w_1 \text{和} w_3 \text{中有0个已知}) \\ I_{21} = I(w_2;r \mid w_1 \text{和} w_3 \text{中有1个已知}) \\ I_{22} = I(w_2;r \mid w_1 \text{和} w_3 \text{中有2个已知}) \end{cases} \tag{2-37}$$

$$\begin{cases} I_{30} = I(w_3;r \mid w_1 \text{和} w_2 \text{中有0个已知}) \\ I_{31} = I(w_3;r \mid w_1 \text{和} w_2 \text{中有1个已知}) \\ I_{32} = I(w_3;r \mid w_1 \text{和} w_2 \text{中有2个已知}) \end{cases} \tag{2-38}$$

从而有：

$$\begin{cases} I_0 = \dfrac{1}{3}\sum_i I_{i0} \\[2mm] I_1 = \dfrac{1}{3}\sum_i I_{i1} \\[2mm] I_2 = \dfrac{1}{3}\sum_i I_{i2} \end{cases} \tag{2-39}$$

其中，$I_j(j=0,1,2)$ 表示 $\{w_i(i=1,2,3)\}$ 中有 j 个比特已知时，从 r 中获得的比特级平均互信息。

根据互信息的链式法则有 $\sum_j I_j = C_{8\text{PSK}}$。对于不同的映射方式，可得到不同 $I_j(j=0,1,2)$，且 $I_j(j=0,1,2)$ 与信噪比有关。显然有，$mI_0 = \sum_i I_{i0}$ 即为 BICM 系统并行等效模型条件下的信道容量。图 2-13～图 2-15 为 4 种映射方式的比特级互信息图。

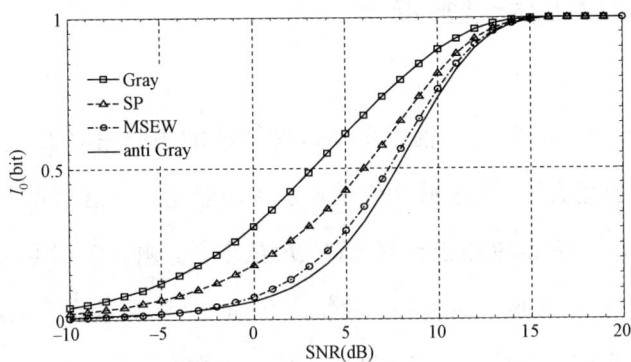

图 2-13　不同映射方式下的 I_0

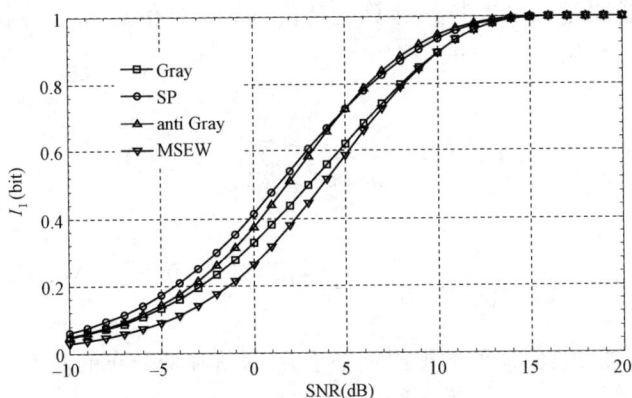

图 2-14　不同映射方式下的 I_1

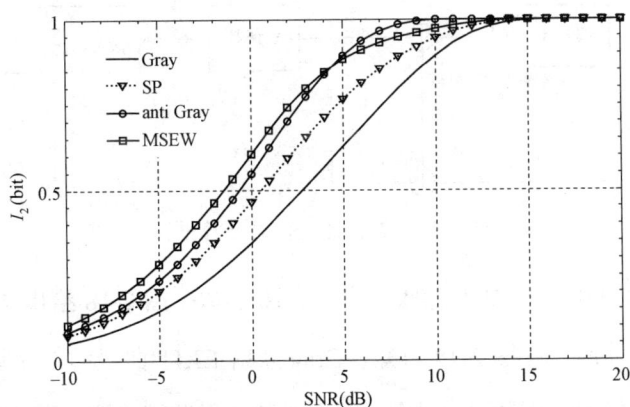

图 2-15　不同映射方式下的 I_2

2.2.3 EXIT 曲线度量准则

解调器 EXIT 图的横轴表示输入解调器的先验信息 L_A 与发送比特 $b \in \{0,1\}$ 间的互信息 $I_A(L_A, b)$，纵轴表示解调器输出外信息 L_E 与 b 间的互信息 $I_E(L_E, b)$。图 2-19 给出计算 $I_E(L_E, b)$ 的框图。由图 2-19 可知，调制输出符号经实际 AWGN 信道传输，比特序列 $\{w_n\}_{n=1}^{Number}$ 则经虚拟 AWGN 信道传输，由此在解调器输入端形成两种不同的可靠度信息。

解调器通过式（2-31）计算比特的 LLR 外信息 L_{E_n}，则 $I(L_E, b)$ 可表示为：

$$I(L_E, b) = \frac{1}{Number} \sum_{n \in [1, Number]} H_2(p_{en}) \qquad （2-40）$$

其中，$p_{en} = \dfrac{1}{1 + \exp(-|L_{En}|)}$，$H_2(\bullet)$ 为二元熵函数，$Number$ 为发送的比特总数。图 2-16 模型的得出是基于 L_A 服从高斯分布的假设，虚拟信道的标准差为 $J^{-1}(I(L_A, b))$，其中，$J^{-1}(\bullet)$ 是 $J(\bullet)$ 的反函数。

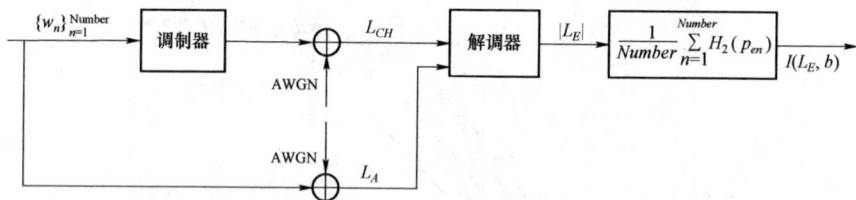

图 2-16　解调器互信息计算框图

$I(L_E, b)$ 与映射方式和信噪比有关。图 2-17～图 2-18 给出 4 种映射方式的 EXIT 曲线。由图 2-17 可知，Gray 映射 EXIT 曲线的斜率基本为 0。这表明，当采用最优译码算法时，解调器和译码器间的迭代无法带来增益。

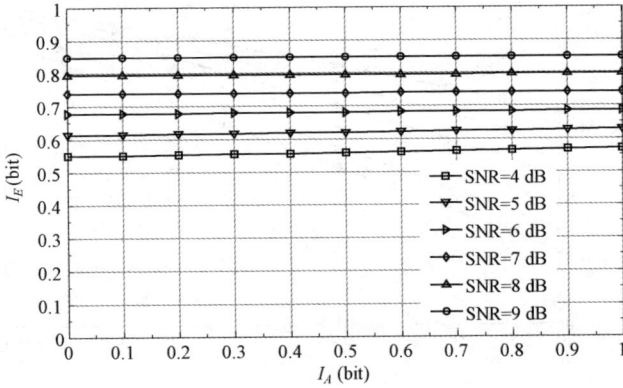

图 2-17　Gray 映射的 EXIT 图

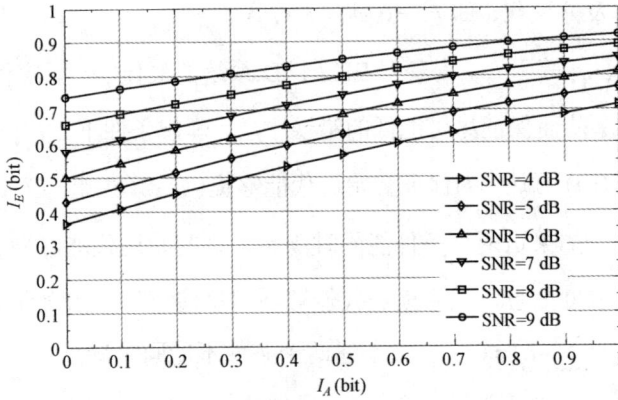

图 2-18　SP 映射的 EXIT 图

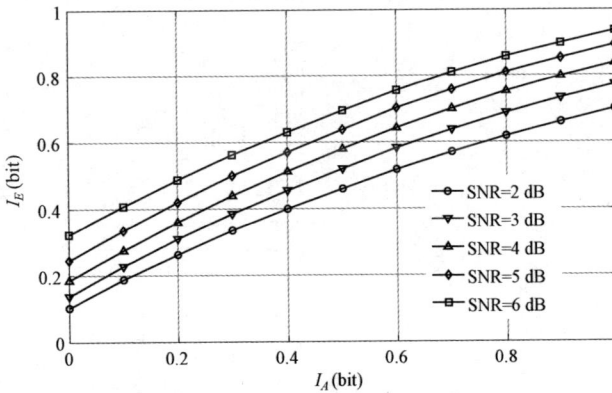

图 2-19　anti Gray 映射的 EXIT 图

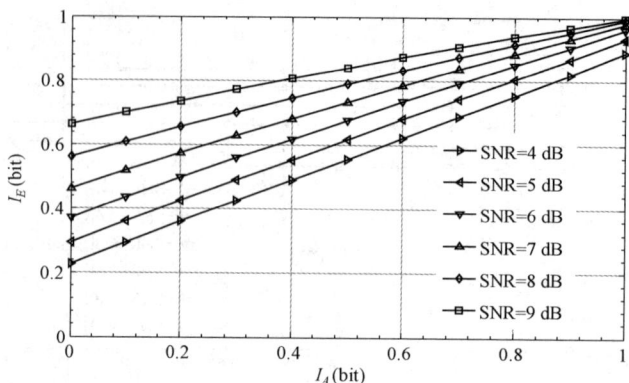

图 2-20　MSEW 映射的 EXIT 图

在不涉及外迭代，即 $I_A = 0$ 时，$I_E(I_A)$ 等于 I_0。而 $I_A = 1$，即完美信息反馈时，$I_E(I_A)$ 等于 I_2。为获得 BICM-ID 系统的最佳映射，应使 $I_E(I_A = 1)$ 尽可能的大，从而保证尽可能低的错误平层。理想条件下 $I_E(I_A = 1) = 1$，即点 $(I_A, I_E) = (1,1)$ 可达。为保证初始迭代能够提供足够性能，应使 $I_E(I_A = 0)$ 尽可能的大。如果这两个条件能同时满足，则初始迭代能够为后续迭代提供足够的可靠度信息，且后续迭代能够利用这些可靠度信息获得更低的错误平层。由于 $\sum_j I_j = C_{CM}$，故上述两个条件不能同时满足。

第 3 章
未编码 QAM 信号的
非相干检测

为了应对日益复杂化的多媒体通信场景，本章研究一种基于神经网络的非相干检测算法。首先揭示传统检测算法存在的问题，接着详细介绍了系统模型，其次构建一种神经网络模型，并对该神经网络结构训练，将训练好的神经网络模型替代传统非相干检测方案中检测模块得到基于神经网络的未编码 QAM 信号非相干检测方案，最后仿真验证了该算法的性能。

3.1 引　言

从传统的模拟语音信号到现代的提供高质量、高速率多媒体信号的通信系统，无线通信技术取得了飞速的发展并得到了广泛的应用。新兴媒体业务不断产生，导致频谱资源越来越紧张，如何在有限的频谱资源上实现高效可靠的数据传输是无线多媒体网络的建立过程中所要面临的关键问题。IEEE 802.15.3 协议给出了 QAM 调制方式的 PHY 标准。QAM 调制是一种频谱利用率很高的调制方式，故多符号非相干检测方案是以 QAM 信号为 PHY 技术的无线多媒体网络检测的有效手段，它不仅利用了 QAM 信号强大的抗干扰能力，并且还适用于为高速率无线传输量身定制的 IEEE 802.15.3 协议，不仅引发了工业领域广泛关注，还引起学术界的热烈讨论研究。

近年来，非相干检测的方案引发了广泛深入的讨论。非相干检测通常采用共轭运算器和相关器计算出非相干度量值，将度量集合固定为检测区间进行搜索，然后在这个区间内将相关器输出值做比较，进一步确定最大非相干度量值。但非相干存在实现复杂度高，且会随着观察窗口长度的增加呈指数增长，不利于在工程中应用。

　　针对上述问题，本章为 IEEE 802.15.3QAM 接收机，提出了一种基于神经网络的非相干检测方案。首先研究在该场景下传统的非相干检测方案，其次构建神经网络模型，采用 BP 神经网络，构建两种三层神经网络结构，第一种由概率数据训练集驱动，神经网络输入层数为 32，输出层数为 4，输出结果为判决度量值用于检测。第二种由检测数据训练集驱动神经网络输入层数为 32，输出层数为 1，输出层结果为发送为 "1" 的概率值用于检测。将训练好的神经网络模型替代传统非相干检测方案中的检测部分得到基于神经网络的未编码 QAM 信号非相干检测方案。最后从隐藏层数量、检测性能以及鲁棒性等方面对所提方案进行了性能仿真和综合分析。仿真结果表明训练的神经网络模型可以有效替代传统的非相干检测方案中的检测部分，获得更高的性能增益。

3.2　系统模型

　　根据 IEEE 802.15.3 标准，基于神经网络的未编码 QAM 信号非相干检测系统模型如图 3-1 所示。在每个符号周期内，按表 3-3 中的映射规则

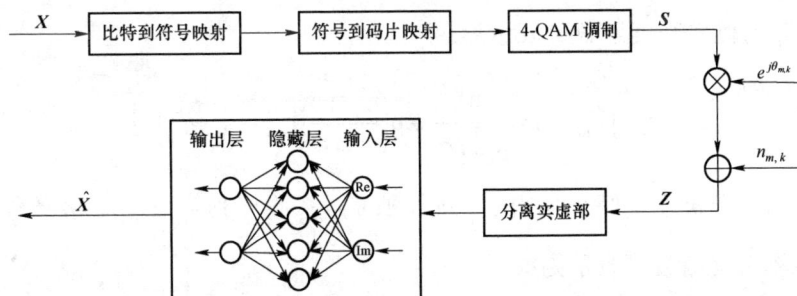

图 3-1　基于神经网络的未编码 QAM 信号非相干检测系统模型

发送序列每 1 比特信息映射为 64 比特信息，再经过 4-QAM 调制发送至接收端。

扩频调制序列表示为 $s_m = (s_{m,1}, s_{m,2}, \cdots, s_{m,32}), 1 \leqslant m \leqslant N$。$S$ 经过引入 CPO 的信道传输至接收端，在 N 个比特周期内，第 m 个比特周期的第 k 个符号对应的接收信号可表示为：

$$z_{m,k} = s_{m,k} e^{j\theta_{m,k}} + n_{m,k}, 1 \leqslant k \leqslant 32 \tag{3-1}$$

其中，j 为虚数单位。$n_{m,k}$ 是均值为零、方差为 $\sigma_{n,m}^2$ 的复高斯随机变量。$\theta_{m,k}$ 是信道引入的 CPO 在 $(-\pi, \pi)$ 区间内服从均匀分布。为了进一步方便描述分析，本研究假设信号通过分组传输则 $\theta_{m,k} = \theta$，$n_{m,k} = n$，θ 与 n 相互独立。则第 k 个接收符号在第 m 个比特周期内可表示为：

$$z_{m,k} = s_{m,k} e^{j\theta} + n \tag{3-2}$$

3.3 传统非相干检测

本节介绍 IEEE 802.15.3 未编码 QAM 信号接收机的传统非相干检测方案，具体检测过程如下。

基于假设的 AWGN 信道模型，发送序列再 $s_{m,k}$，θ 的条件下接收序列 $z_{m,k}$ 的概率密度函数可表示为：

$$p(z_{m,k} | s_{m,k}, \theta) = \frac{1}{\sqrt{2\pi}\sigma} \exp\left(-\frac{1}{2\sigma^2} |z_{m,k} - s_{m,k} e^{j\theta}|^2\right) \tag{3-3}$$

由于在 m 个比特周期内 $z_{m,k}$ 统计独立，接收序列 z_m 在 s_m，θ 条件下的概率密度函数可表示为：

$$p(z_m | s_m, \theta) = \prod_{m=1}^{N} \prod_{k=1}^{32} \frac{1}{(\sqrt{2\pi}\sigma)} \exp\left(-\frac{\left| z_m - s_m e^{j\theta} \right|^2}{2\sigma^2} \right)$$

$$= \frac{1}{(\sqrt{2\pi}\sigma)^{32N}} \exp\left(-\frac{\left\| z_m - s_m e^{j\theta} \right\|^2}{2\sigma^2} \right)$$

(3-4)

其中：

$$\left\| z_m - s_m e^{j\theta} \right\|^2 = \sum_{m=1}^{N} \sum_{k=1}^{32} \left| z_{m,k} - s_{m,k} e^{j\theta} \right|^2$$

可等价表示为：

$$\| z_m - s_m e^{j\theta} \|^2 = \sum_{m=1}^{N} \sum_{k=1}^{32} \left[\left| z_{m,k} \right|^2 + \left| s_{m,k} \right|^2 \right] - 2\mathrm{Re}\left\{ \sum_{m=1}^{N} \sum_{k=1}^{32} z_{m,k} s_{m,k}^* \right\} \cos\theta$$

$$- 2\mathrm{Im}\left\{ \sum_{n=1}^{N} \sum_{m=1}^{32} z_{m,k} s_{m,k}^* \right\} \sin\theta$$

$$= \sum_{m=1}^{N} \sum_{k=1}^{16} \left[\left| z_{m,k} \right|^2 + \left| s_{m,k} \right|^2 \right] - 2\left| \sum_{m=1}^{N} \sum_{k=1}^{16} z_{m,k} s_{m,k}^* \right| \cos(\theta - \varphi)$$

(3-5)

在式（3-5）中：

$$\varphi = \tan^{-1} \frac{\mathrm{Im}\left\{ \sum_{m=1}^{N} \sum_{k=1}^{32} j z_{m,k} s_{m,k}^* \right\}}{\mathrm{Re}\left\{ \sum_{m=1}^{N} \sum_{k=1}^{32} z_{m,k} s_{m,k}^* \right\}}, \quad -\pi \leqslant \varphi \leqslant \pi$$

(3-6)

假设信道相位 θ 服从均匀分布则 $p(\theta) = \dfrac{1}{2\pi}$，$p(z_m | s_m)$ 可表示为：

$$p(z_m | s_m) = \int_{-\pi}^{\pi} p(z_m | s_m, \theta) p(\theta) \mathrm{d}\theta$$

$$= \frac{1}{(\sqrt{2\pi}\sigma)^{32}} \exp\left(-\frac{1}{2\sigma^2} \sum_{m=1}^{N} \sum_{k=1}^{32} [\left| z_{m,k} \right|^2 + \left| s_{m,k} \right|^2] \right)$$

(3-7)

$$\times \frac{1}{2\pi} \int_{-\pi}^{\pi} \exp\left(\frac{1}{\sigma^2} \left| \sum_{m=1}^{N} \sum_{k=1}^{32} z_{m,k} s_{m,k}^* \right| \cos(\theta - \varphi) \right) \mathrm{d}\theta$$

利用第一类零阶修正贝塞尔函数的定义式：

$$I_0(x) = \frac{1}{2\pi} \int_{-\pi}^{\pi} \exp[u\cos(\theta + \varphi)]\mathrm{d}\theta \qquad (3\text{-}8)$$

因此公式（3-8）可表示为：

$$
\begin{aligned}
p(z_m|s_m) &= \frac{1}{(\sqrt{2\pi}\sigma)^{32}} \exp\left\{-\frac{1}{2\sigma^2}\sum_{m=1}^{N}\sum_{k=1}^{32}\left[\left|z_{m,k}\right|^2 + \left|s_{m,k}\right|^2\right]\right\} \\
&\times I_0\left(\frac{1}{\sigma^2}\left|\sum_{m=1}^{N}\sum_{k=1}^{32}z_{m,k}s_{m,k}^*\right|\right) \\
&= -\frac{1}{2\sigma^2}\sum_{m=1}^{N}\sum_{k=1}^{32}\left[\left|z_{m,k}\right|^2 + \left|s_{m,k}\right|^2\right] + \log\left[I_0\left(\frac{1}{\sigma^2}\left|\sum_{m=1}^{N}\sum_{k=1}^{32}z_{m,k}s_{m,k}^*\right|\right)\right] \\
&\sim \log I_0\left(\frac{1}{\sigma^2}\left|\sum_{m=1}^{N}\sum_{k=1}^{32}z_{m,k}s_{m,k}^*\right|\right)
\end{aligned}
$$

$$(3\text{-}9)$$

由最大后验概率算法可得未编码 QAM 非相干检测方案的判决度量为：

$$\zeta_m = \max_{y} \log I_0\left(\frac{1}{\sigma^2}\left|\sum_{m=1}^{N}\sum_{k=1}^{32}z_{m,k}s_{y,k}^*\right|\right), \quad 1 \leqslant y \leqslant 4 \qquad (3\text{-}10)$$

其中，$s_{y,k}$ 表示发送序列调制扩频为 4 种序列的其中一种，见表 3-3。在这里，本研究给出一种未编码 QAM 相位非相干信道下的检测方法，但是方案涉及提取方法涉及零阶贝塞尔函数，资源消耗（实现复杂度、能耗和时延）比较大。而随着时间的推移和人工智能技术的不断发展，神经网络作为其中最重要的技术之一备受关注。神经网络具有从复杂的问题中提取特征，有效的逼近复杂函数，同时在大型信息链中易于集成等优点，可以应对上述问题。因此，我们考虑将神经网络技术集成于信号非相干检测技术中。

3.4　基于神经网络的非相干检测

上一节研究了传统未编码 QAM 信号的非相干检测方案，在此基础上进一步的基于神经网络的相干信道下的 LLR 提取方法，具体实现过程如下。

3.4.1　网络结构

本节使用 BP 神经网络去反映复杂符号的映射条件如图 3-2 所示。构建

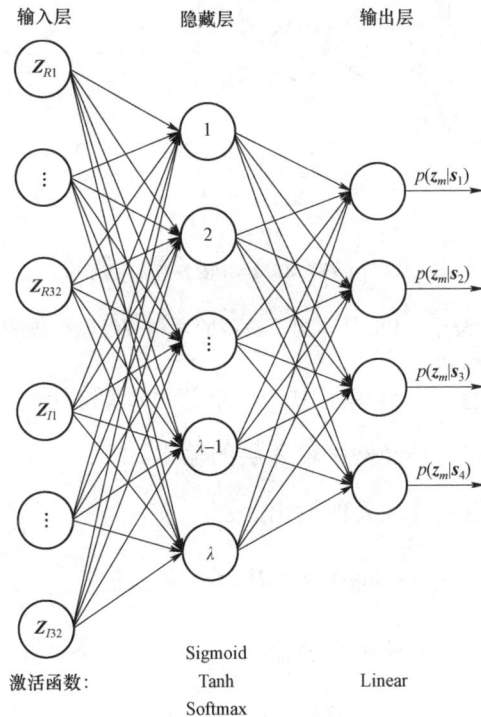

(a) 基于概率数据驱动的神经网络模型结构

图 3-2　未编码 QAM 信号非相干检测的两种神经网络模型结构

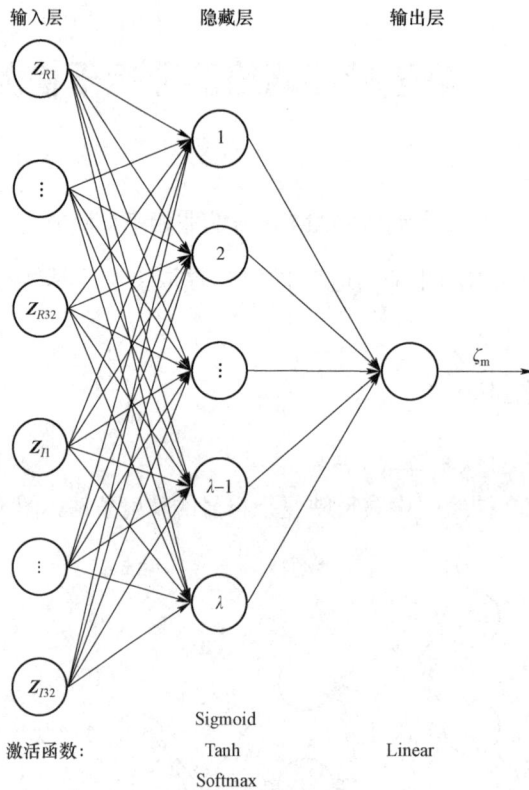

(b) 基于检测数据驱动的神经网络模型结构

图 3-2 未编码 QAM 信号非相干检测的两种神经网络模型结构（续）

三层神经网络模型，在该模型中，每个符号周期的接收序列被分为实部和虚部两部分，作为神经网络输入层的输入。

该神经网络隐藏神经元的输出为：

$$Y = f(W_{(1)}^T G + b) \qquad （3-11）$$

隐藏层的输出作为输出层的输入，通过另一个非线性函数传递：

$$\hat{Y} = f(W_{(2)}^T Y + \beta) \qquad （3-12）$$

其中，$G = [\mathrm{Re}(z_m)\ \ \mathrm{Im}(z_m)]$ 为神经网络的输入矩阵，$W_{(1)}^T$，$W_{(2)}^T$ 分别

为隐藏层和输出层神经元的权值矩阵，b，β 分别为隐层神经元和输出层神经元的偏置矩阵。$f(\cdot)$ 为激活函数，输出层神经元激活函数由线性函数实现。隐层神经元数值由定量分析得出，激活函数是 Tanh 函数、Sigmoid 函数、Softmax 函数，不同激活函数检测性能不同。在之后的仿真分析中将重点分析几种激活函数对未编码 QAM 信号基于神经网络的非相干检测的影响。

3.4.2　训练过程

构建训练集是网络训练的第一步。该数据集用于离线训练神经网络。在本研究中，训练集的数据皆由模拟的发送端和接收端生成。一旦训练好网络，就可以部署并用于检测。值得注意的是培训阶段是离线执行的，因此它不属于部署后检测过程的一部分。基于概率数据驱动的神经网络模型的训练集包含接收到的信号样本分离的实虚部和传统最大化后验概率算法中接收信号在发送信号条件下的概率度量值可以表示为：

$$D_1 = \{[\mathrm{Re}(z_m)\ \mathrm{Im}(z_m)]^m, p(z_m|s_y)\}, \quad m=1,2,\cdots,N \quad y=1,2,3,4 \quad (3\text{-}13)$$

基于检测数据驱动的神经网络模型的训练集包含接收到的信号样本分离的实虚部和接收到的信号样本在最大后验概率算法的检测值可以表示为：

$$D_2 = \{(\mathrm{Re}(z_m)\ \mathrm{Im}(z_m))^m, \zeta_m\}, \quad m=1,2,\cdots,N \quad (3\text{-}14)$$

本研究使用的训练算法为列文伯格-马夸尔特（Levenberg-Marquardt）反向传播算法，该算法是加速收敛 BP 算法的其中一种标准的数值优化方法。本研究的损失函数采用均方误差（Mean-Square Error，MSE）函数。对于比特长度为 N 的样本，损失函数为：

$$Loss = \frac{1}{N}\sum_{m=1}^{N}\left\|\zeta_m - \hat{Y}_m\right\|^2 \tag{3-15}$$

利用训练集对神经网络进行监督训练，使神经网络理解接收到的信号与目标之间的复杂映射关系，从而获得接收信号在发送信号条件下的概率度量值或检测是"1"的概率值。具体训练参数见表3-1。

表 3-1 训练参数

训练参数	值
最大迭代轮次	200
错误性能目标	0
最大验证失败次数	6
最小性能梯度	10^{-7}

当满足以下任何一个条件时，网络训练停止，神经网络输出为接收信号在发送信号条件下的概率度量值或检测 1 的概率值。

（1）达到最大的迭代轮次。

（2）超过最大时间。

（3）性能梯度低于最小性能梯度。

（4）将性能最小化以达到目标。

为了提高泛化程度，避免过拟合，对输入数据进行归一化处理，随机分为三个子集。

（1）将样本中的 70% 作为训练集，用于计算梯度，优化权重和偏差。

（2）15% 作为验证集。训练后的网络具有足够低的泛化误差，避免过度训练导致过拟合不佳。

（3）最后取 15% 作为模型性能评价的测试集。

权重和偏差值的初始化服从高斯分布，网络训练重复多次，结果可能不同。将离线训练好的神经网络模型替代传统非相干检测方案中的 LLR 计算部件得到基于神经网络的相干检测算法，该算法具体过程见表 3-2。

表 3-2　未编码 QAM 信号的基于概率数据驱动的神经网络非相干检测算法

算法 3：未编码 QAM 信号的基于概率数据驱动的神经网络非相干检测算法
输入：$s_{m,k}$：第 m 个比特周期的复基带样本；$s_{y,k}$：表示发送序列调制扩频为 4 种序列的其中一种；$\theta_{m,k}$：第 m 个比特周期的第 k 个符号序列的实际相位；$z_{m,k}$：实际接收数据的第 m 个比特周期的第 k 个符号序列；N：发送 N 位比特信息；D：存储在接收器存储器中的训练集；
输出：$\hat{X}$：实际检测比特。

1：初始化 $N=1$, $k=32$；

2：for　$m=1; 1 \leqslant m \leqslant N; m++$ do

3：for　$k=1; 1 \leqslant k \leqslant 32; k++$ do

4：　　$z_{m,k} \leftarrow s_{m,k} e^{j\theta_{m,k}}$

6：end for

7：神经网络输入 $\leftarrow [\text{Re}(z_m)\ \text{Im}(z_m)]$

8：$p(z_m|s_y) \leftarrow$ 神经网络输出

9：$\zeta_m \leftarrow \max[p(z_m|s_y)]$

10：$\hat{X}_m \leftarrow \zeta_m$

11：end for

12：返回 $\hat{X}$。

3.5　仿真结果与分析

在上述理论分析的基础上，最后给出传统的未编码 QAM 信号多符号非相干检测方案和基于神经网络的未编码 QAM 信号多符号非相干方案的仿真结果。检测时，在固定信噪比条件下，发送器重复发送随机数据包至检测器，检测器检测数据累计错误数据包，直到超过设定最大错误数据包数量为止。在这里，以误比特率（Bit Error Rate，BER）、误帧率（Frame Error Rate，FER）等通用性能指标衡量 PHY 数据通信质量。

3.5.1　仿真参数

仿真中使用 IEEE 802.15.3 协议给出的 QAM 信号通信模型。具体参数见表 3-3。

表 3-3　仿真参数

参数	类型
信道条件	纯 AWGN
复噪声能量	1/SNR
检测方案	多符号非相干检测
时间同步	完美
调制方式	4-QAM
扩频因子	16
CPO θ（rads）	在 $(-\pi, \pi)$ 区间内均匀分布
1 比特周期符号长度	32

3.5.2　隐藏层数分析

图 3-3 和图 3-4 分别表示不同激活函数条件下，基于概率数据驱动和检测数据驱动的两种神经网络的不同隐藏层数概率曲线比较。从图中不

同隐藏层数的检测性能比较，从而确定未编码 QAM 信号两种基于神经网络的非相干检测方案不同激活函数的隐藏层数。

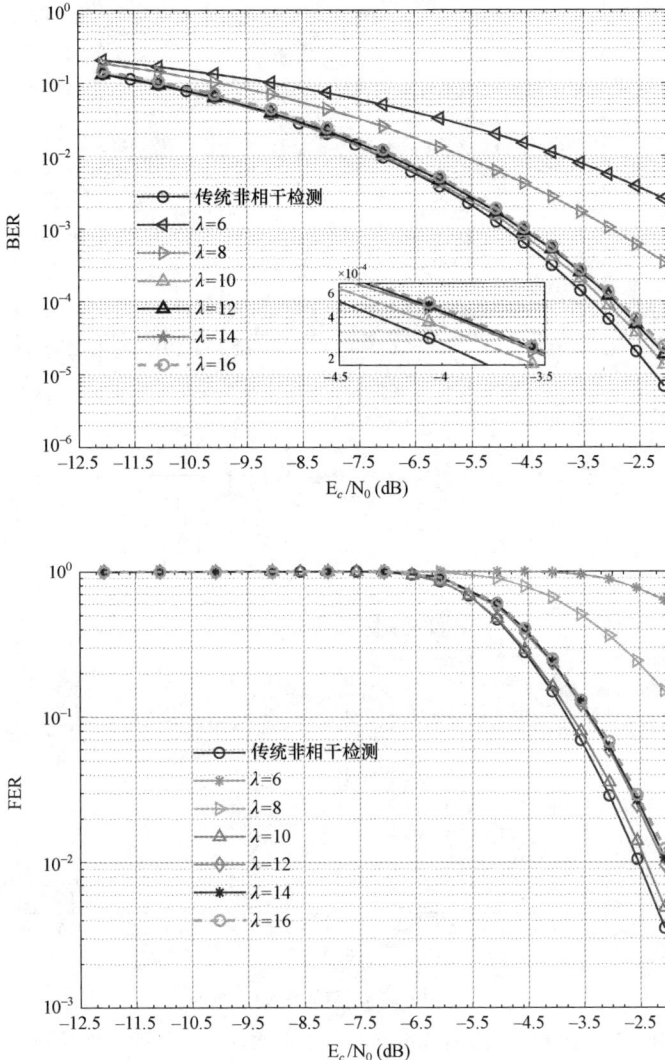

(a) 隐藏层激活函数为Tanh

图 3-3　隐藏层激活函数不同时，基于概率数据驱动的神经网络
非相干检测方案不同隐藏层数检测性能

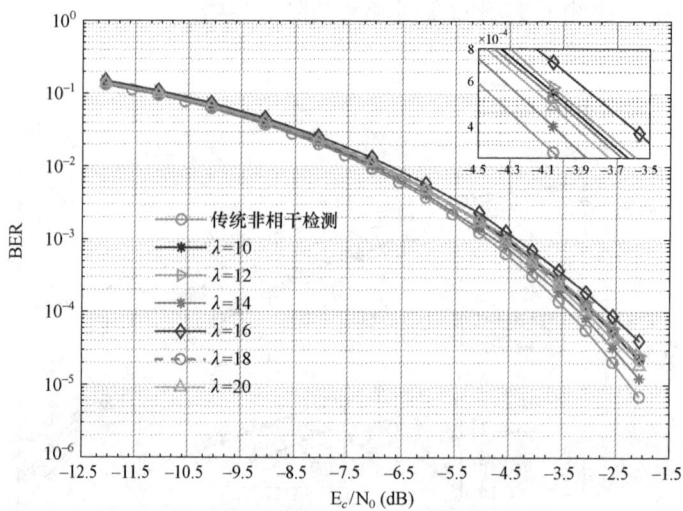

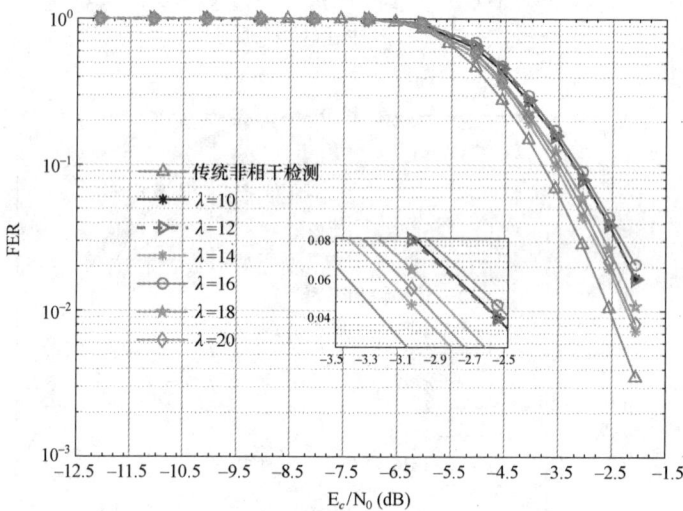

(b) 隐藏层激活函数为Sigmoid

图 3-3 隐藏层激活函数不同时，基于概率数据驱动的神经网络
非相干检测方案不同隐藏层数检测性能（续）

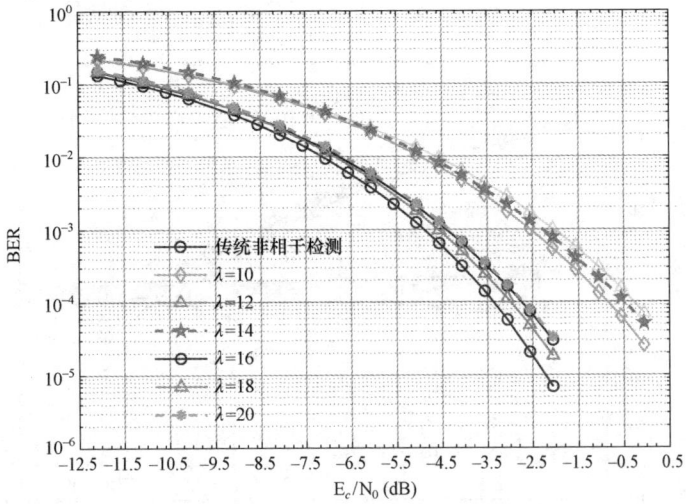

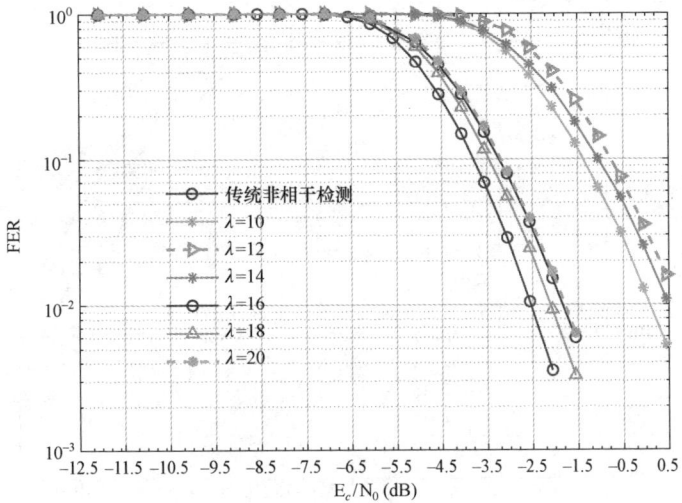

(c) 隐藏层激活函数为Softmax

图 3-3　隐藏层激活函数不同时，基于概率数据驱动的神经网络
非相干检测方案不同隐藏层数检测性能（续）

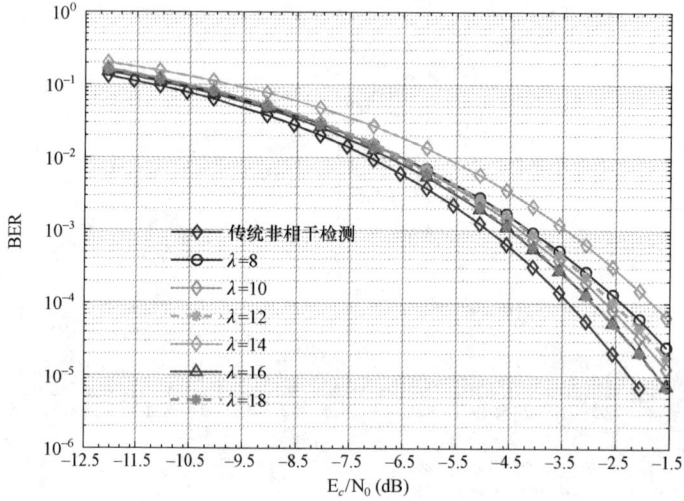

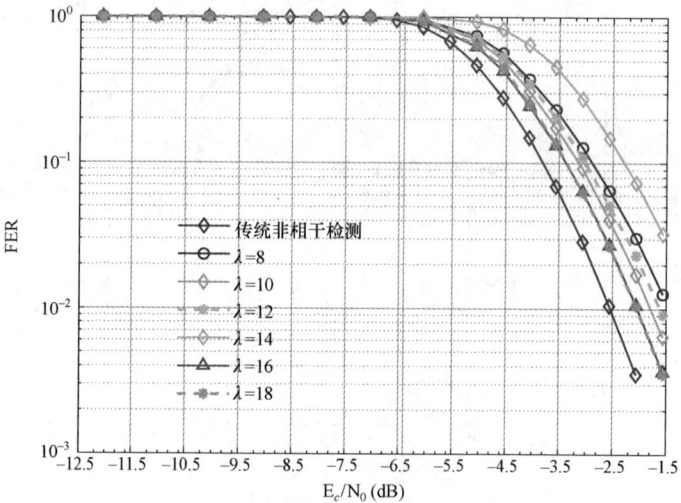

（a）隐藏层激活函数为Tanh

图 3-4　隐藏层激活函数不同时，基于检测数据驱动的神经网络
非相干检测方案不同隐藏层数检测性能

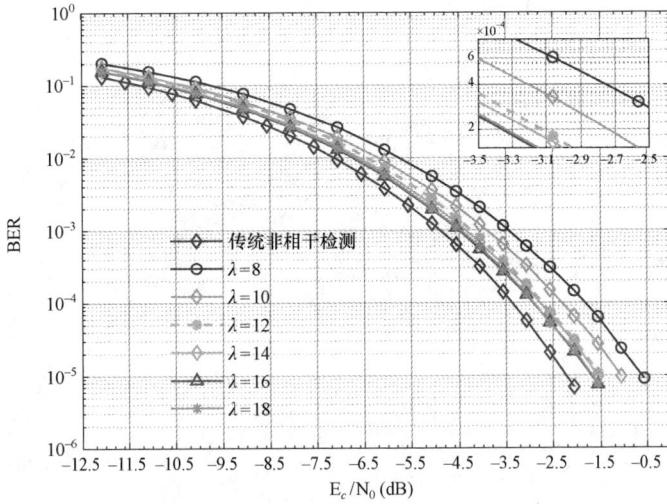

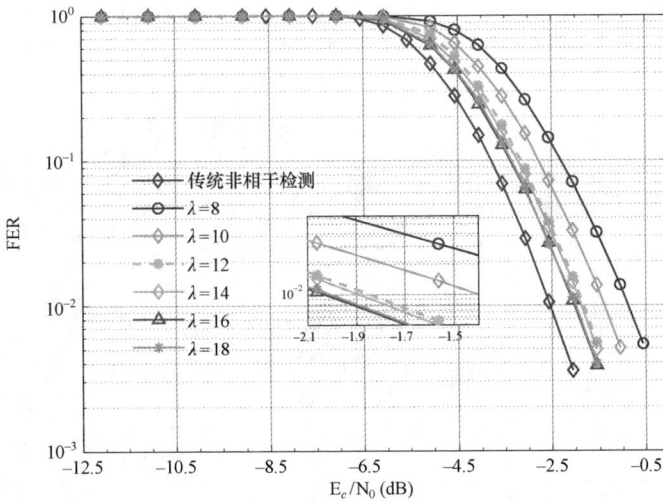

(b) 隐藏层激活函数为Sigmoid

图 3-4　隐藏层激活函数不同时，基于检测数据驱动的神经网络
非相干检测方案不同隐藏层数检测性能（续）

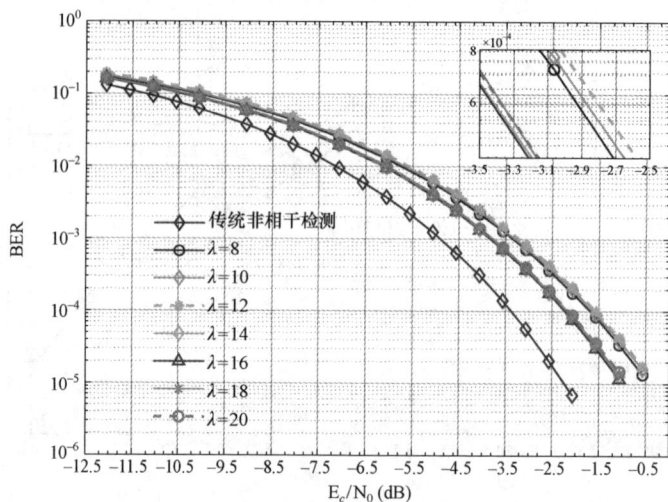

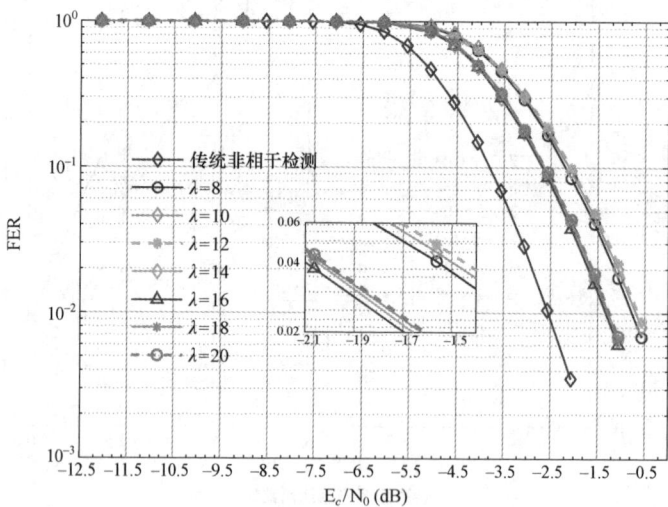

（c）隐藏层激活函数为Softmax

图 3-4　隐藏层激活函数不同时，基于检测数据驱动的神经网络
非相干检测方案不同隐藏层数检测性能（续）

具体而言，如图 3-3（a）所示，无论是 BER 性能或是 FER 性能，基于概率数据驱动的神经网络非相干检测，激活函数为 Tanh 函数，随着隐藏层数从 6 增大到 16 检测性能先增大后减小在隐藏层数为 10 时达到最大，该激活函数下隐藏层数设置为 10。同理从图 3-3（b）和图 3-3（c）可得基于概率数据驱动的神经网络非相干检测，激活函数分别为 Sigmoid 函数，Softmax 函数的隐藏层数分别为 14、18。如图 3-4（a）所示基于检测数据驱动的神经网络非相干检测，激活函数为 Tanh 函数时，隐藏层数为 10 检测性能大于隐藏层数为 12 和 16 的检测性能，但小于隐藏层数为 16 和 18 的检测性能，隐藏层数为 16 增大到 18 后检测性能曲线几乎重合，因此该激活函数下隐藏层数设置为 16。同理从图 3-4（b）和图 3-4（c）可得基于检测数据驱动的神经网络非相干检测，激活函数分别为 Sigmoid 函数，Softmax 函数的隐藏层数分别为 16、16。在本章之后的仿真中，两种基于神经网络的非相干检测的不同激活函数的隐藏层数是本节最终确定的隐藏层数，不再赘述。

3.5.3　检测性能分析

图 3-5 表示未编码 QAM 信号基于概率数据驱动的神经网络非相干检测和基于检测数据驱动的神经网络非相干检测与传统非相干检测的性能曲线比较。从图中可以看出两种基于神经网络的非相干检测方案不同激活函数检测性能不同，对两种基于神经网络的非相干检测方案选择与传统的非相干检测性能最接近的激活函数方案。

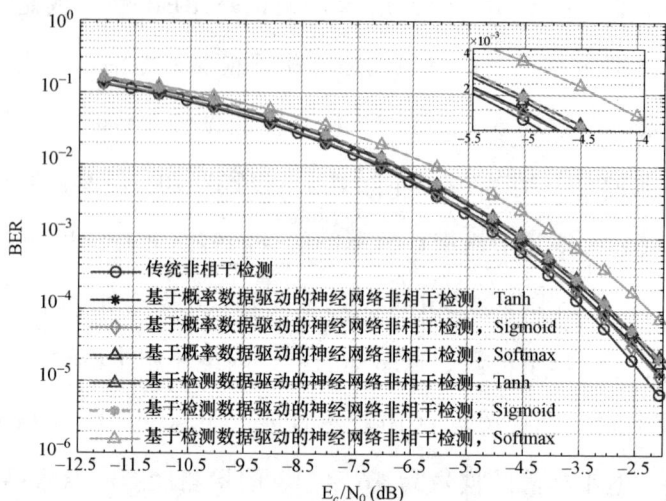

(a) BER性能

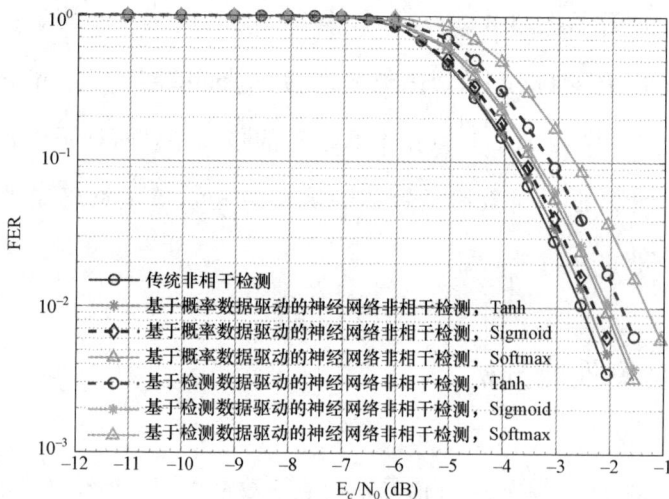

(b) FER性能

图 3-5　不同隐藏层激活函数下，两种检测方案的检测性能分析

　　具体而言，如图 3-5（a）所示，基于概率数据驱动的神经网络非相干检测方案在不同激活函数下性能接近且都优于基于检测数据驱动的神经网络非相干检测方案，其中激活函数为 Sigmoid 函数的检测性能最好，

之后是 Tanh 函数，Softmax 函数。因此对于两种基于神经网络的检测方案都选择 Sigmoid 函数作为神经网络隐藏层激活函数。与传统的非相干检测方案相比，这两种基于神经网络的检测方案的检测性能在低信噪比时的检测性能曲线几乎重合，在高信噪比时有一点性能损失，这是由于神经网络训练数据对信道引入的 CPO 特征不足引起的。在本章之后的仿真中两种基于神经网络的激活函数都选择 Sigmoid 函数。

3.5.4　鲁棒性分析

图 3-6 表示动态 CPO 条件下，未编码 QAM 信号基于概率数据驱动的神经网络非相干检测、基于检测数据驱动的神经网络非相干检测和传统非相干检测的性能曲线。传输信号相位服从维纳过程 $\theta_{n+1} = \theta_n + \Delta_n$，$\Delta_n$ 是一个均值为零，方差为 σ_n^2 的高斯随机变量，初始相位在 $(-\pi, \pi)$ 之间且服从均匀分布，将标准差为 0 度的检测性能作为基准线。

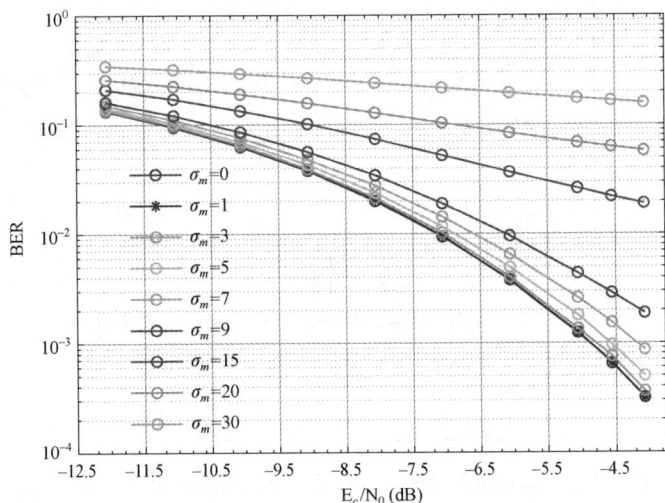

(a) 未编码QAM信号传统非相干检测

图 3-6　动态 CPO 下，三种方案的检测性能

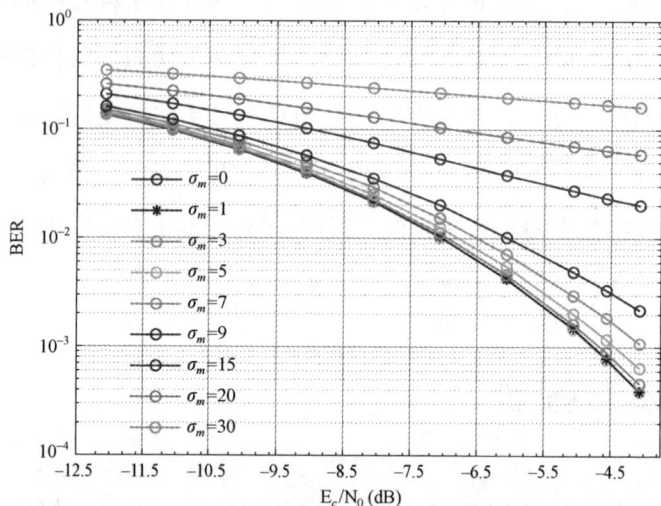

(b) 未编码QAM信号基于概率数据驱动的神经网络非相干检测

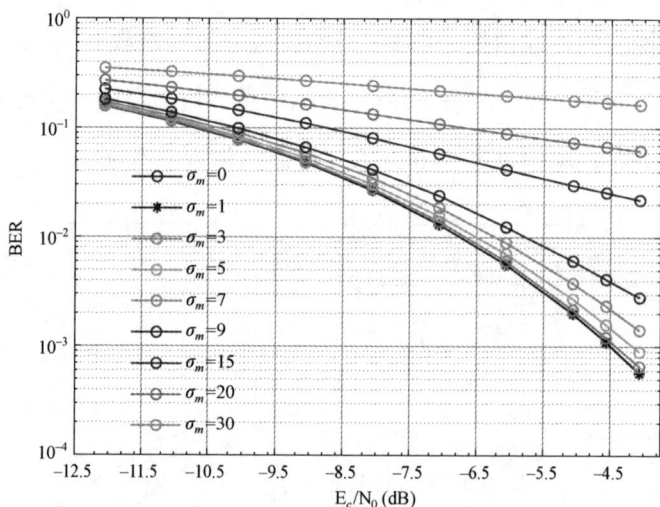

(c) 未编码QAM信号基于检测数据驱动的神经网络非相干检测

图 3-6　动态 CPO 下，三种方案的检测性能（续）

从图 3-6 可知，当标准差小于 3 度时，抖动不会显著降低三种检测方案的检测性能；当标准差大于 3 度后，相位误差增大，在 $\mathrm{BER} = 3 \times 10^{-3}$ 时，传统非相干检测方案的性能损失约为 1.75 dB，基于概率数据驱动的神经网络非相干检测方案性能损失约为 1.65 dB，基于概率数据驱动的神经网络非相干检测方案性能损失约为 1.2 dB。从上述仿真可知，对于所提两种基于神经网络的非相干检测方案当标准偏差在 0～3 度时，不会显著降低其 BER、FER 性能，故所提方案对相位具有较强鲁棒性。

3.5.5 复杂度分析

图 3-7 对比了基于概率数据驱动的神经网络非相干检测、基于检测数据驱动的神经网络非相干检测和传统非相干检测的数据包平均运行时间。对三种检测方案都计算了运行 10^4 大小的数据包需要的平均运行时间。在之前的分析中本章提出的两种最佳隐藏层数和激活函数的神经网络的非相干检测方案的性能损失都在可以接受的范围内，而从图 3-7 中可以看出，本章提出的基于神经网络的非相干检测方案数据包平均运行时间明显小于传统非相干检测方案，为之后章节的分析夯实基础。

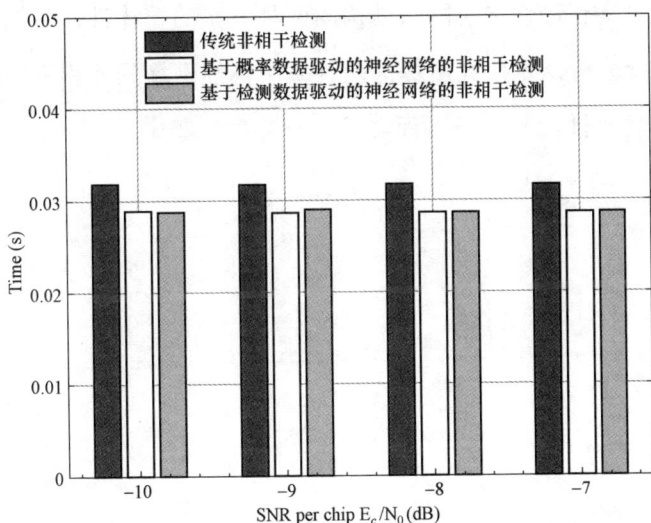

图 3-7 不同检测方案的时间维度复杂度比较

在 $SNR = -9\,dB$ 时，所提两种基于神经网络的非相干检测方案用时约为 2.86×10^{-2} s，传统非相干检测方案用时 3.17×10^{-2} s。传统非相干检测的平均运行时间明显高于所提的两种基于神经网络的非相干检测方案，能够满足 IEEE 802.15.3 协议对 QAM 接收机设计的要求。

3.6　本章小结

为使 QAM 信号检测技术进一步满足复杂多媒体传输环境中，数据可靠传输及接收机设计的要求，本章提出了一种适用 IEEE 802.15.3 标准的未编码 QAM 信号的基于神经网络的非相干检测方案。首先利用传统非相干检测算法采样接收机概率数据以及检测数据训练构建的神经网络模型，训练好的神经网络模型替代未编码 QAM 信号传统非相干检测方案的检测模块。仿真确定两种方案神经网络的最优隐藏层数和隐藏层激活函数。对具有最优神经网络结构的两种方案的鲁棒性，数据包平均运行时间进行分析，本研究所提的两种基于神经网络的非相干检测方案对 CPO 具有鲁棒性，且易于工程实现。

第 4 章
编码 QAM 信号的
非相干检测

与第 3 章未编码检测系统相比，编码系统可以实现软判决进一步提升系统检测性能，因此本章提出一种基于神经网络的编码 QAM 信号非相干检测算法。该算法通过训练后神经网络计算 LLR 值，对传统非相干检测 LLR 计算中的零阶贝塞尔函数进行有效逼近。首先介绍现有检测问题和编码系统模型，其次详细描述传统非相干信道下的检测方案，接下来描述基于神经网络的非相干检测方案，最后给出性能仿真和分析。

4.1 引 言

在无线多媒体网络中，计算机和多媒体设备是必不可少的。如何将这些多媒体设备的信息通过无线多媒体节点可靠地传输到目的端具有重要意义。IEEE 802.15.3 无线多媒体网络因其在高数据速率的普及设备的边缘接入中具有很高的应用潜力而备受关注。注意，接收机的检测机制将直接影响无线多媒体节点的效率。因此，在需要高效率、高可靠性的高速无线多媒体网络中，对接收机检测机制的研究显得十分重要。

如何在一跳内可靠、高效地将多媒体数据传输到接收端是无线多媒体网络的关键。信道编码可以进一步提升通信系统的可靠性，而传统编码接收机的检测技术中在符号速率的基础上提取 LLR 需要消耗大量操作，这些操作随着调制阶数的增加而增加。神经网络可以从给定的训练数据中不断学习信息，从而构建出有效的网络模型，而不是从预定义的信道模型中获得算法。与传统检测技术相比，使用神经网络的检测算法大大降低了计算复杂度。

本章针对 IEEE 802.15.3 标准的接收机，采用 16QAM 调制技术，在格雷序列扩频中，研究了在纯 AWGN 信道下实现可靠的基于神经网络的编码 QAM 信号的相干检测方案。具体而言，首先，研究在该场景下传统的相干检测 LLR 提取方案，其次，构建神经网络模型采用前馈神经网络将复杂符号映射到其传输位的 LLR，神经网络输入层数为 32，输出层数为 1。神经网络隐藏层和输出层的激活函数都采用 Tanh 函数。将接收端的接收数据与检测数据采样构成神经网络训练集用于训练神经网络模型。训练好的神经网络模型替代传统非相干检测方案中的 LLR 计算部件得到基于神经网络的编码 QAM 信号非相干检测方案。最后，从检测性能、迭代次数影响、外信息转移（Extrinsic Information Transfer，EXIT）图以及鲁棒性等方面对所提方案进行了性能仿真和综合分析。仿真结果表明训练的神经网络模型可以有效替代传统的相干检测方案中的 LLR 计算部件，可以获得更高的性能增益，并且满足 IEEE 802.15.3 标准的性能要求。

4.2　系统模型

如图 4-1 所示，编码 QAM 信号的基于神经网络的非相干检测系统的工作过程为，首先，LDPC 编码器将比特序列 X 进行编码输出为序列 c。编码序列 c 顺序通过比特数据到符号的映射和符号到码片的映射，其次，经由 QAM 调制后生成发送信号 $s_m = (s_{m,1}, s_{m,2}, \cdots, s_{m,16})$，$1 \leqslant m \leqslant N$。在 N 个比特间隔内，经过引 CPO 的信道传输后得到复基带接收信号为 $z_m = (z_{m,1}, z_{m,2}, \cdots, z_{m,16})$，$1 \leqslant m \leqslant N$。

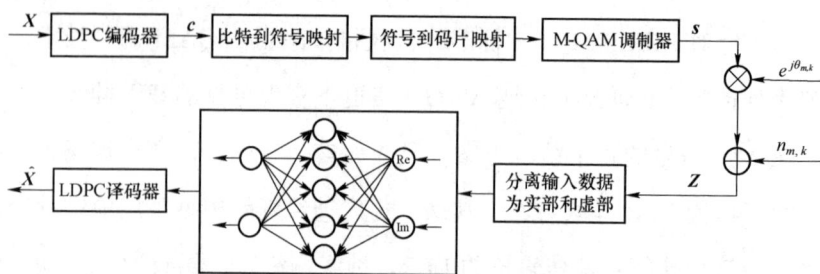

图 4-1　编码 QAM 信号的基于神经网络的非相干检测系统模型

具体来说，第 m 个比特周期的第 k 个符号对应的接收信号可表示为：

$$z_{m,k} = s_{m,k} e^{j\theta_{m,k}} + n_{m,k}, \ 1 \leqslant k \leqslant 16 \qquad (4\text{-}1)$$

其中，$\theta_{m,k}$ 是信道引入的随机相位，它在区间 $(-\pi, \pi)$ 中服从均匀分布。$n_{m,k}$ 是均值为零、方差为 $\sigma_{m,k}^2$ 的复高斯随机变量。注意由于调制方式与第 3.3 节调制方式不同，每比特周期的符号数不同于 3.3 节。

4.3　传统方法的 LLR 提取

本节介绍了非相干信道下利用传统方法对编码 QAM 接收信号 LLR 提取方案。详细推导如下。

由第 3.3 节传统未编码 QAM 信号的非相干检测式（3-7）可以推导出本节的编码 QAM 接收信号发送序列 $s_{m,k}$ 条件下的接收序列 $z_{m,k}$ 的概率密度函数：

$$p(z_m | s_m) = \frac{1}{(\sqrt{2\pi}\sigma)^{16}} \exp\left\{-\frac{1}{2\sigma^2} \sum_{m=1}^{N} \sum_{k=1}^{16} \left[|z_{m,k}|^2 + |s_{m,k}|^2\right]\right\}$$
$$\times I_0\left(\frac{1}{\sigma^2} \left|\sum_{m=1}^{N} \sum_{k=1}^{16} z_{m,k} s_{m,k}^*\right|\right) \qquad (4\text{-}2)$$

译码器前传输符号的 LLR 可表示为：

$$\begin{aligned}
\zeta_m &= \ln \frac{P(c_m = 0 \mid z_m)}{P(c_m = 1 \mid z_m)} \\[2mm]
&= \ln \frac{\displaystyle\sum_{s_m \in S_m^0} P(s_m \mid z_m)}{\displaystyle\sum_{s_m \in S_m^1} P(s_m \mid z_m)} \\[4mm]
&= \ln \frac{\displaystyle\sum_{s_m \in S_m^0} P(z_m \mid s_m) P(s_m)}{\displaystyle\sum_{s_m \in S_m^1} P(z_m \mid s_m) P(s_m)} \qquad m = 1, 2, \cdots, N
\end{aligned} \tag{4-3}$$

其中，$P(s_m)$ 是发送序列的先验概率，这里假设发送序列等概率发送。集合 $\boldsymbol{S}_m^0$ 和集合 $\boldsymbol{S}_m^1$ 分别包含第 m 位比特为 0 和 1 的符号。注意，$\boldsymbol{S}_m^0 \bigcup \boldsymbol{S}_m^1 = \boldsymbol{S}$。

与第 3 章不同，本章采用 16-QAM 调制，星座点能量不同，公式（4-4）可带入公式（3-5）计算得 LLR 为：

$$\zeta_m = \ln \frac{\displaystyle\sum_{s_m \in S_m^0} \exp\left\{ -\frac{\displaystyle\sum_{m=1}^{N}\sum_{k=1}^{16}\left[|z_{m,k}|^2 + |s_{m,k}|^2 \right]}{2\sigma^2} \right\} I_0 \left(\frac{\left| \displaystyle\sum_{m=1}^{N}\sum_{k=1}^{16} z_{m,k} s_{m,k}^* \right|}{\sigma^2} \right)}{\displaystyle\sum_{s_m \in S_m^1} \exp\left\{ -\frac{\displaystyle\sum_{m=1}^{N}\sum_{k=1}^{16}\left[|z_{m,k}|^2 + |s_{m,k}|^2 \right]}{2\sigma^2} \right\} I_0 \left(\frac{\left| \displaystyle\sum_{m=1}^{N}\sum_{k=1}^{16} z_{m,k} s_{m,k}^* \right|}{\sigma^2} \right)} \tag{4-4}$$

4.4　基于神经网络的 LLR 提取

上一节研究了非相干信道下传统的 LLR 提取方法，在此基础上进一步的研究基于神经网络的非相干信道下的 LLR 提取方法，具体实现过程如下。

4.4.1　网络结构

BP 神经网络将复杂符号映射到其传输位的实值 LLR。与第 3.4.1 中基于检测数据驱动的神经网络结构不同的是，本节构建三层神经网络模型中隐藏层神经元和输出层神经元激活函数都采用 Tanh 函数实现。第 3.4.1 中神经网络输入层数是本节编码 16-QAM 信号的神经网络层数的两倍，如图 4-2 所示。

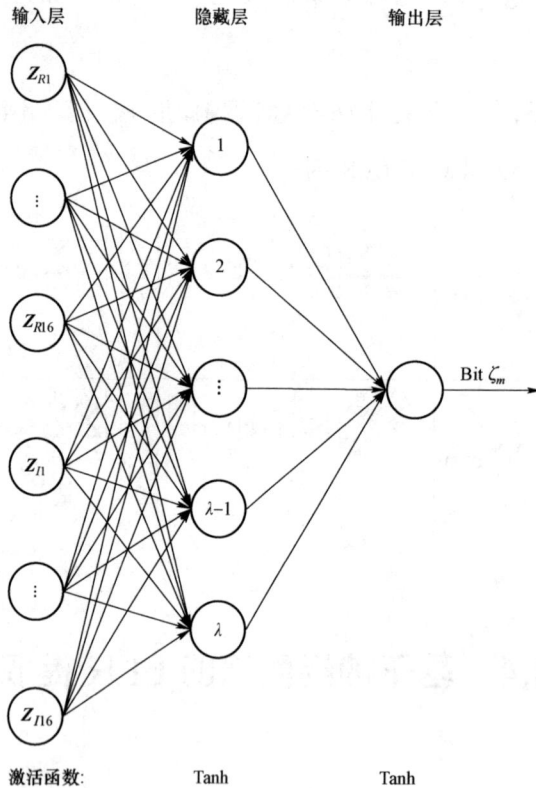

(a) 单个比特周期，$N=1$

图 4-2　编码 QAM 信号非相干检测的神经网络模型结构

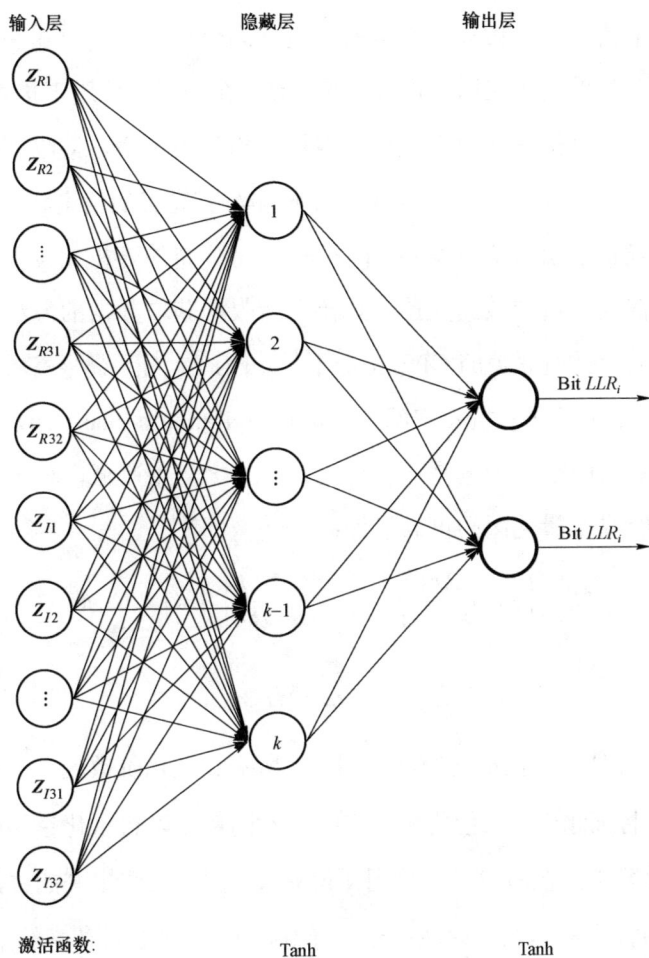

(b) 两个比特周期，$N=2$

图 4-2　编码 QAM 信号非相干检测的神经网络模型结构（续）

4.4.2　训练过程

神经网络的第一步是构建训练集，本节中训练集包含接收到的信号样本和相应 Log-MAP 算法计算出的 LLR 值，可以表示为：

$$D = \{[\mathrm{Re}(z_m) \ \mathrm{Im}(z_m)]^m, \zeta_m\}_{m=1}^{N} \qquad （4-5）$$

75

在相干信道下，假设有完美的信道状态信息，在接收端获取的数据不经过处理可以直接应用于神经网络训练。在非相干信道下构建训练集，根据惯性思维直接在接收端获取数据用于构建训练集，接收端数据来自理想 AWGN 信道。在非相干信道下接收端没有完美的信道状态信息，每次信号传输都会引入服从在 $\Theta=(-\pi,\pi)$ 均匀分布的随机相位偏移 θ。由于训练集需要大量的数据支持，直接在接收端获取数据的方法构建的训练集包含的数据所涵盖的 CPO 特征不足。因此，为了获得高质量的训练集，本章采用了量化随机相空间（Quantizing Random Phase Space，QRPS）的方法，首选的量化方案是均匀量化，该方案复杂度低，便于实现。量化阶 M 的第 j 个量化区间可表示为：

$$\Theta_j=\left(-\pi+\frac{2\pi(j-1)}{M},-\pi+\frac{2\pi j}{M}\right]\quad j=1,2,\cdots,M \qquad (4\text{-}6)$$

$$\Theta=\sum_{j=1}^{M}\cup\Theta_j \qquad (4\text{-}7)$$

当 $m=8$ 时，随机量化空间如图 4-3 所示。量化阶数越高，训练集包含的 CPO 特征越多，未量化相位空间与不同量化阶数量化空间的生成相同 CPO 数据的拟合曲线对比如图 4-4 所示。因此训练出来的神经网络模型精度越高。所有这些定性观察结果将由第 4.5 节的定量仿真结果来验证。

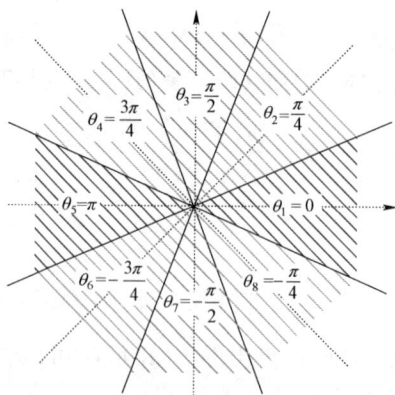

图 4-3　量化阶数为 8 时的随机相位空间

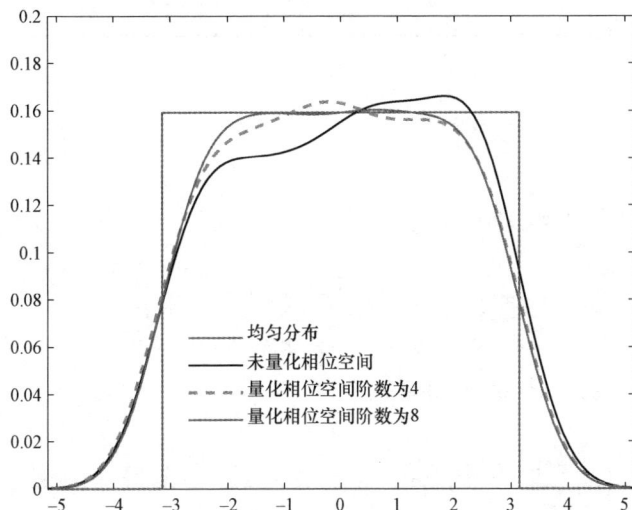

图 4-4　不同方法下相同大小的 CPO 数据拟合曲线对比

在本节中比特长度为 N 的样本，损失函数为：

$$Loss = \frac{1}{N} \sum_{m=1}^{N} \left\| LLR_m - \hat{Y}_m \right\|^2 \qquad (4\text{-}8)$$

利用训练集对神经网络进行训练，使神经网络理解接收到的信号与目标 LLR 之间的复杂关系，从而估计 LLR 值。编码 QAM 信号的神经网络非相干检测算法见表 4-1。

表 4-1　编码 QAM 信号的神经网络非相干检测算法

算法 2：编码 QAM 信号的基于神经网络非相干检测算法
输入： $s_{m,k}$ ：第 m 个比特周期的复基带样本； $\theta_{m,k}$ ：第 m 个比特周期的第 k 个符号序列的实际相位； $z_{m,k}$ ：实际接收数据的第 m 个比特周期的第 k 个符号序列； N ：发送 N 位比特信息； D ：存储在接收器存储器中的训练集；
输出： $\hat{X}$ ：实际检测比特。
1：初始化 $N=1$, $k=16$; 2：for $m=1; 1 \leqslant m \leqslant N; m{+}{+}$ do

3： for $k=1; 1 \leqslant k \leqslant 32; k++$ do

4： $z_{m,k} \leftarrow s_{m,k} e^{j\theta_{m,k}}$

6： end for

7： 神经网络输入 $\leftarrow [\mathrm{Re}(z_m)\ \mathrm{Im}(z_m)]$

8： $\zeta_m \leftarrow$ 神经网络输出

9： end for

10： 如果信噪比改变，使用相应信噪比下的 D 重新训练神经网络；

11： 接收机用 ζ_m 通过 BP 译码算法计算 $\hat{X}$；

12： 返回 $\hat{X}$。

4.5　仿真结果与分析

本节首先定量分析均匀量化随机相位空间采样训练集的方法，其次通过仿真实验确定译码器最大迭代次数，在此基础上模拟了检测性能和迭代译码的收敛速度，相偏鲁棒性以及复杂度。

4.5.1　仿真参数

仿真中使用 IEEE 802.15.3 协议给出的 QAM 信号通信模型和 LDPC 码。选择编码方式为 $(672,336)$ LDPC 码，码率 $R=1/2$，$\mathbf{H}$ 矩阵如图 4-5 所示。本研究采用 BP 译码算法。最大迭代次数设置为 20 次，本节仿真参数见表 4-2。

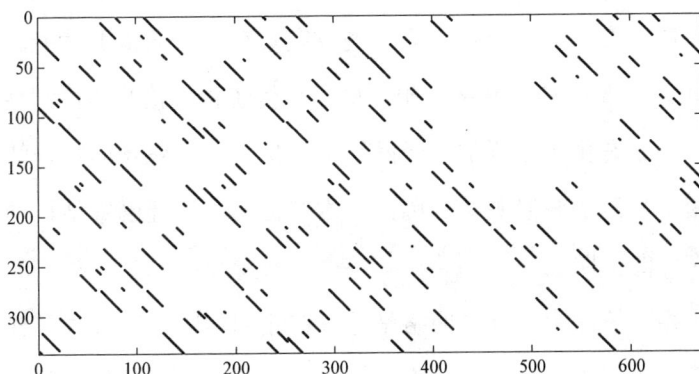

图 4-5　在 IEEE 802.15.3 中校验矩阵（672，336）LDPC 码

表 4-2　仿真参数

参数	类型
信道条件	纯 AWGN
复噪声能量	1/SNR
随机相位偏移相位 ϕ（rads）	在 $(-\pi, \pi)$ 区间内均匀分布
编码方法	LDPC 码
译码方法	BP 译码
LDPC 码	（672，336）
时间同步	完美
调制方式	16-QAM
未编码非相干检测	SNR 0～17 dB
编码非相干检测	SNR 14～16 dB
编码多符号非相干检测	SNR 14～15.9 dB

4.5.2　量化相位空间的检测性能分析

在图 4-6 绘制了未编码 16-QAM 信号基于神经网络的非相干检测方

案和传统非相干检测方案的 BER 和 FER 与信噪比的关系。结果表明，与传统检测方案相比，所提出的检测方案具有较好的检测性能。当存在完美 CSI 时，基于神经网络的相干检测与传统相干检测的检测性能曲线完全重合，这是由于采样的神经网络训练集中数据包含的特征能完全反应传统相干检测的映射关系。因此，本节提出的神经网络结构的有效性得到了充分的证明。

在非相干检测中，神经网络是通过在相同信噪比范围内采样具有相同数量符号的训练集数据来训练的。如图 4-6 所示，用均匀量化相位空间的方法采样数据训练的神经网络检测性能优于直接采样数据训练的神经网络。由于训练集数据中包含的相位偏移特征不足，神经网络无法很好地学习模拟传统的非相干检测。在对训练集进行相位偏移量化采样时，增加训练集中的偏差特征量，提高神经网络模型的精度，从而训练出检测性能非常接近传统非相干检测方案的神经网络。注意，在基于神经网

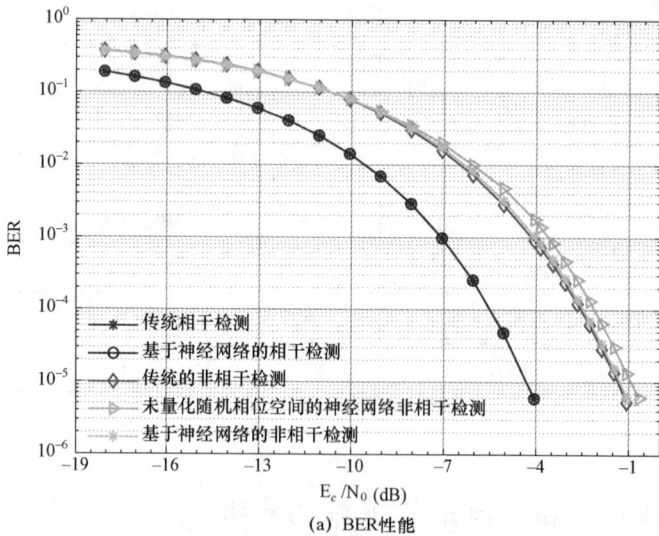

(a) BER性能

图 4-6　未编码 16-QAM 信号基于神经网络检测方案与
传统非相干检测方案的检测性能分析

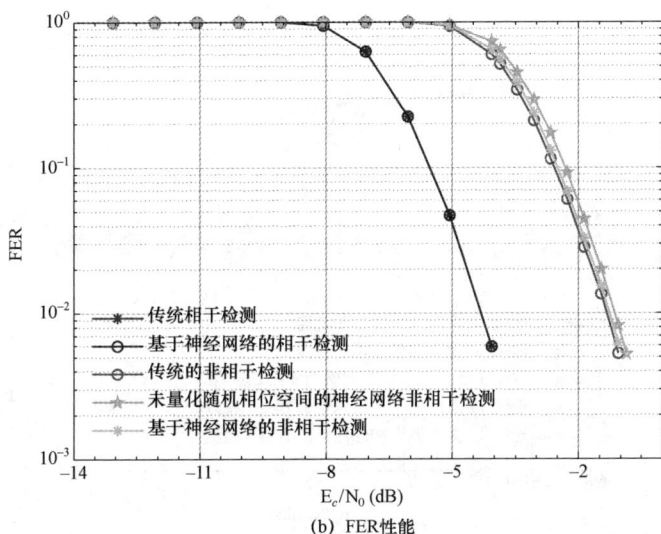

图 4-6　未编码 16-QAM 信号基于神经网络检测方案与
传统非相干检测方案的检测性能分析（续）

络的非编码检测中，广泛信噪比训练的神经网络。在 LDPC 码检测方案中，使用不同信噪比的数据对神经网络进行脱机训练，得到的训练集存储在接收端存储器中，当信噪比发生变化时，对神经网络进行重新训练。

4.5.3　迭代次数对检测性能的影响

图 4-7 显示在相位非相干信道下 LDPC 解码器的最大迭代次数对检测性能的影响，其中 $N=1$。从图中可以看出随着最大迭代次数的增大，传统非相干检测与基于神经网络的非相干检测的检测性能都逐渐增大，并趋于平稳。

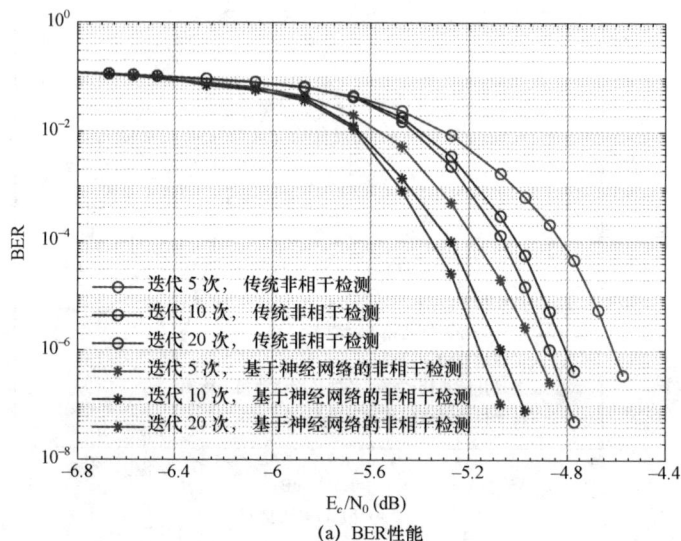

(a) BER性能

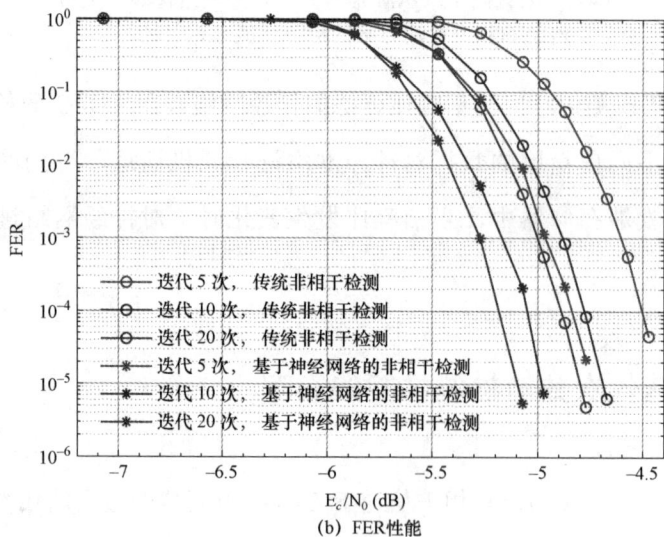

(b) FER性能

图 4-7　LDPC 解码器的最大迭代次数对两种方案的
检测性能比较

具体而言，如图 4-7（a）所示，当最大迭代次数为 10，BER = 1×10^{-5}
时，与传统非相干检测相比，基于神经网络的性能增益约为 0.5 dB。当

BER $= 1 \times 10^{-5}$ 时，最大迭代次数由 5 增加到 10 时，基于神经网络的检测性能增益约 0.4 dB；最大迭代次数由 10 增加到 20 时，神经网络的检测性能增益约 0.01 dB。显然，本节构建的神经网络结构与传统非相干检测方案相比具有良好的检测性能。

4.5.4　两个比特区间的检测性能分析

图 4-8 比较了传统非相干检测与基于神经网络非相干检测的 LDPC 编码 QAM 信号在两个比特区间内的 BER 和 FER。从图中可以看出，当采用两个比特观察间隔长度的检测算法时，基于神经网络的检测方案的检测性能也明显优于传统的非相干非相干检测方案。

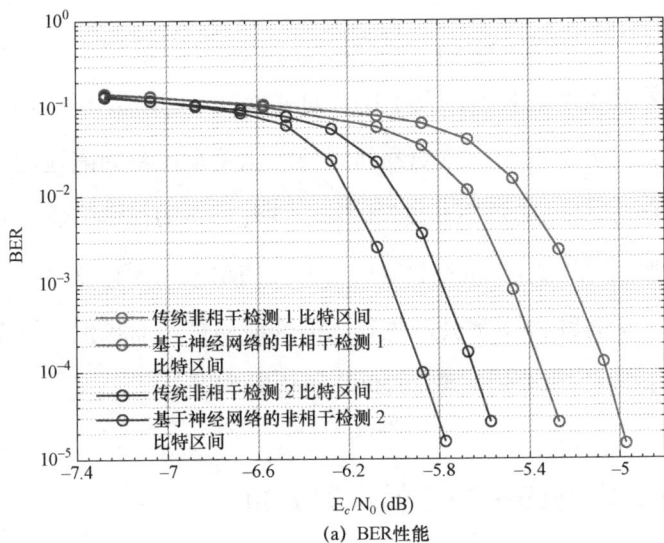

（a）BER性能

图 4-8　两个比特观察间隔，两种方案检测性能曲线

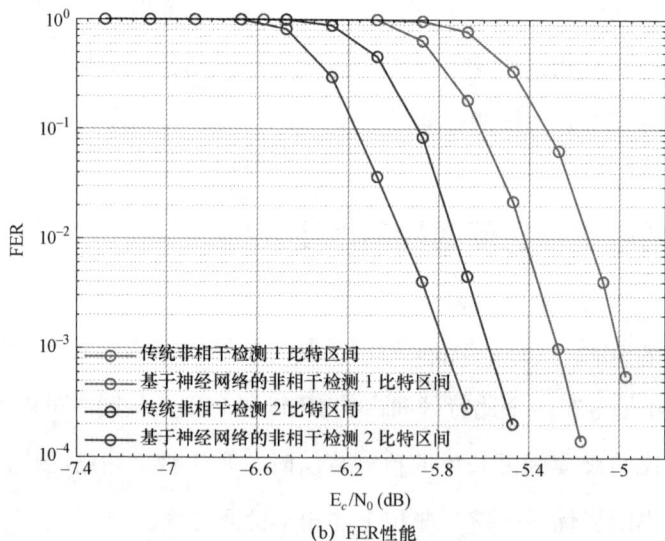

图 4-8　两个比特观察间隔，两种方案检测性能曲线（续）

具体而言，如图 4-8（a）所示，在 $BER = 1 \times 10^{-5}$ 时，传统检测方案的两个比特观察间隔长度比单个比特间隔检测性能增益 0.6 dB；基于神经网络的检测方案两个比特观察间隔长度比单个比特间隔检测性能增益 0.5 dB；两个比特间隔观察长度时，基于神经网络的检测方案比传统检测方案性能增益 0.2 dB。随着观察比特间隔的增大，无论基于神经网络的检测方案或者传统方案都会产生较大的性能增益，而显然在两个比特间隔时，基于神经网络的检测方案仍优于传统方案。

4.5.5　BP 译码的平均迭代次数分析

图 4-9 给出了两种 LLR 提取方案下（672，336）LDPC 码使用 BP 译码算法的平均迭代次数。可以看出，随着信噪比的增大，基于神经网

络的非相干检测 BP 解码算法的平均迭代次数明显小于传统的非相干检测,因此基于神经网络的非相干检测算法的 BP 解码算法的收敛性优于传统的非相干检测算法。

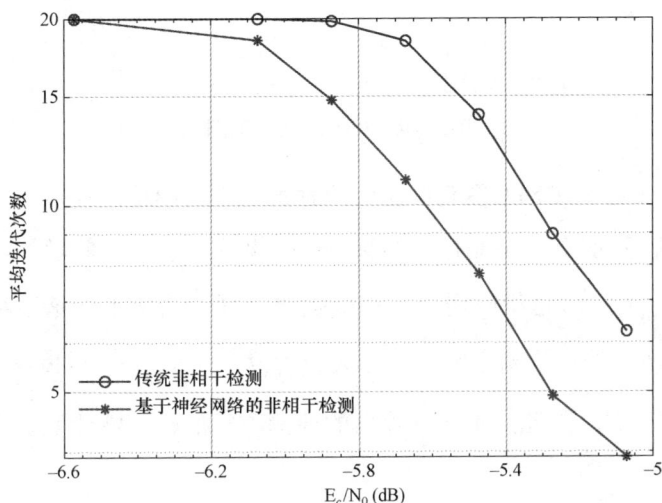

图 4-9　两种方案 BP 译码的平均迭代次数曲线

具体而言,如图 4-9 所示,在 $E_c/N_0 = -5.4$ 时,与传统的非相干检测相比,基于神经网络的非相干检测 BP 解码算法的平均迭代次数减少了 11 次。显然,基于神经网络的非相干检测算法的 BP 解码算法的收敛性优于传统的非相干检测算法。

4.5.6　迭代译码的收敛速度分析

本小结使用 EXIT 曲线测量准则进一步评价了两种检测方案。解调器互信息计算框图如图 4-10 所示。其中 L_A 是解调器的先验信息, L_E 是解调器输出之外的信息, $I_A(L_A,b)$ 是解调器 L_A 的先验输入信息, 互 $I_E(L_E,b)$ 表示解调器输出外部信息 I_E 与传输位 $b \in \{0,1\}$ 之间的互信息。

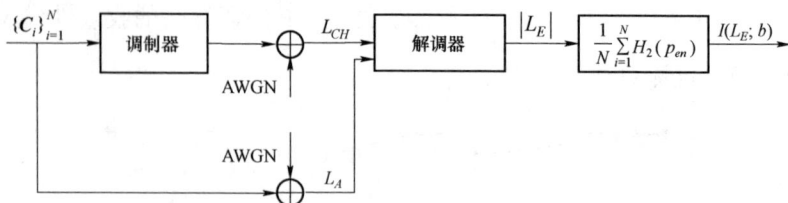

图 4-10 互信息计算框图

图 4-11 描绘 EXIT 图直观比较两种检测方案的检测性能，其中纵轴测量解调器互信息的可靠性。结果表明，随着 $I_A(L_A, b)$ 的增加，两种检测方案的 $I_E(L_E, b)$ 也相应增加。在信噪比相同的情况下，基于神经网络的检测方案比传统检测方案具有更大的 $I_E(L_E, b)$。$I_E(L_E, b)$ 值越大，表明 LLR 值越可靠。因此，本研究提出的检测方案的检测性能明显优于传统的检测方案。

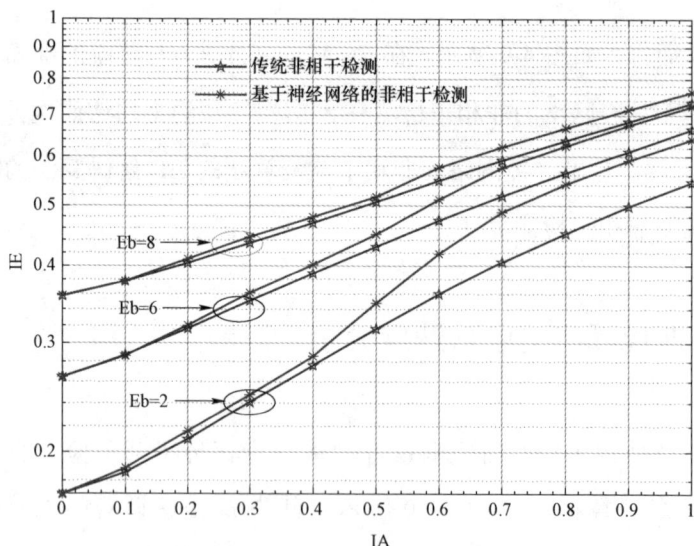

图 4-11 两种方案的互信息曲线

4.5.7　鲁棒性分析

本小节从相偏鲁棒性研究了所提出的编码 QAM 信号传统非相干检测和基于神经网络的非相干检测方案的可靠性。

对 AWGN 信道下 LDPC 编码 QAM 信号的基于神经网络的非相干检测方案的检测性能与传统非相干检测方案进行了比较。传输信号相位服从维纳过程 $\theta_{n+1} = \theta_n + \Delta_n$ ，Δ_n 是一个均值为零，方差为 σ_n^2 的高斯随机变量，初始相位在 $(-\pi, \pi)$ 之间且服从均匀分布，将标准差为 0 度的检测性能作为基准线。如图 4-12（a）所示，在 BER $= 1 \times 10^{-3}$ 时，编码 QAM 信号的传统非相干检测方案中，当相位抖动标准差从 0 度增加到 3 度时，性能损失仅为 0.05 dB；当相位抖动标准差从 3 度增加到 9 度时，损耗增加到 0.4 dB。如图 4-12（b）所示，在 BER $= 1 \times 10^{-3}$ 时编码 QAM 信号的基于神经网络非相干检测方案，在相位抖动标准差从 0 度增加到 9 度时，性

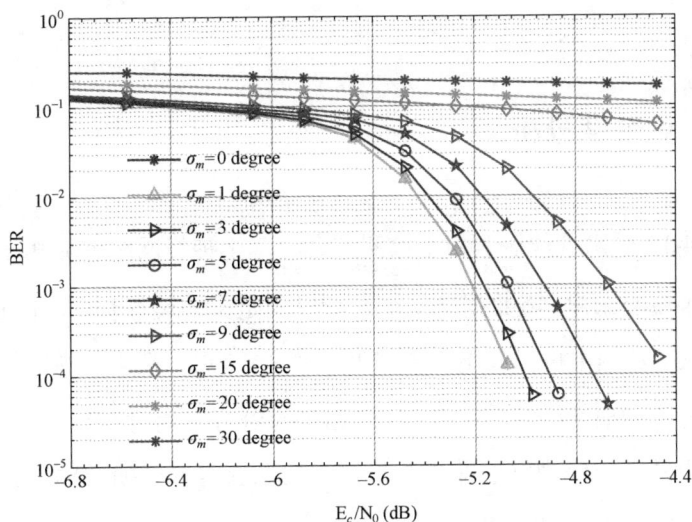

(a) 编码 QAM 信号传统非相干检测的鲁棒性

图 4-12　两种方案的鲁棒性比较

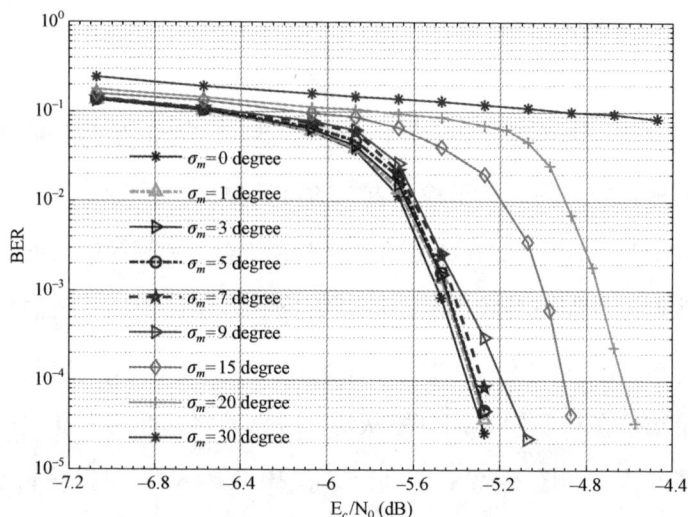

（b）编码QAM信号基于神经网络的非相干检测的鲁棒性

图 4-12　两种方案的鲁棒性比较（续）

能损失仅为 0.1 dB。显然，与传统方法相比，本节提出的方案在相位抖动为 15 的范围内没有明显的性能损失，并且对相位抖动具有更强的鲁棒性。

4.5.8　复杂度分析

图 4-13 对比了传统非相干检测方案与基于神经网络的非相干检测方案时间维度复杂度。将数据包平均运行时间定义为运行 10^4 个相同数据包所需时间。从图中可以看出，在 SNR = −5.2 dB 时，基于神经网络的非相干检测方案用时 $5.8×10^{-3}$ s，传统非相干检测方案用时 $6.2×10^{-3}$ s。显然地，所提基于神经网络的非相干检测方案在获得性能增益的同时，包平均运行时间获得到了下降。

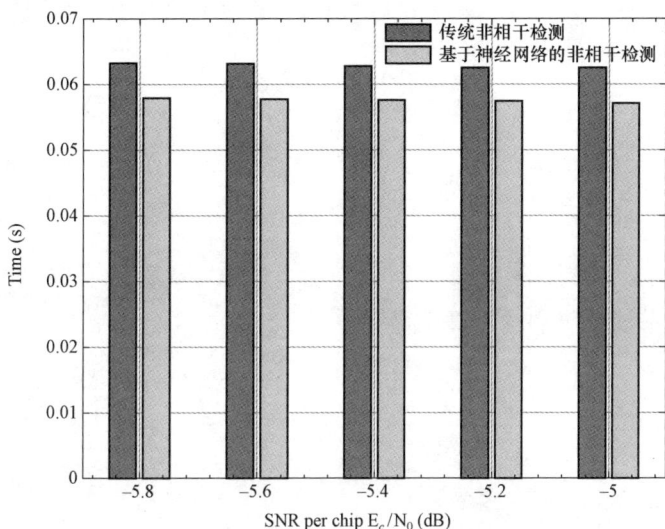

图 4-13　不同检测方案时间维度复杂度比较

4.6　本章小结

这项工作将注意力转向开发利用神经网络的方法，以支持传统非相干检测方案的性能改进和复杂性降低。实际上，针对 IEEE802.15.3 无线多媒体网络，开发了一种基于前馈神经网络的多符号间隔 QAM 信号位 LLR 生成的精确配置。为了有效地训练前馈神经网络，信道引入的随机 CPO 被均匀量化。仿真结果表明，与传统的生成方法相比，该方法在保证译码性能的同时，降低了译码复杂度更适用于 IEEE 802.15.3 无线多媒体网络。

89

第 5 章
编码 QAM 信号的部分
相干检测

在引入非均匀 CPO 的基础上，本章考虑引入均匀 CFO，研究该场景下的基于神经网络的部分相干检测方案。首先简单介绍了传统部分相干检测的硬检测度量和 LLR 提取，给出系统模型，其次均匀量化频率空间，分别采样硬检测数据和 LLR 数据训练构建的神经网络结构，训练完成的神经网络模型用于 LLR 提取，最后给出所提方案的仿真结果与分析。

5.1 引　言

为进一步接近实际的应用场景，在信道引入非均匀 CPO 和均匀 CFO 的场景下研究部分相干检测方案。具体而言，首先，研究该场景下传统的部分相干检测方案的 LLR 提取方案。由于引入两种随机变量，使得接收信号的条件概率函数难以计算。采用均匀量化随机频率偏移的方法将接收信号的条件概率函数中的积分转为求和从而得到该场景下的部分相干检测方案。其次，在先前研究成果的基础上构建神经网络，在本方案中神经网络的隐藏层激活函数为函数，输出层激活函数为线性函数。构建训练集时采用固定信噪比的方法采样数据构成神经网络训练集，训练后的神经网络替代部分相干检测方案中的 LLR 计算部件得到了基于神经网络的编码 QAM 信号多符号部分相干检测方案。最后，从检测性能、迭代次数影响、鲁棒性等方面对所提方案进行了性能仿真和综合分析。仿真结果表明，使用固定高信噪比训练集训练的神经网络同样适用于低信噪比时 LLR 的提取，且该训练集训练的神经网络的检测性能更稳定且对于动态相位信道具有一定的鲁棒性，符合低功耗、低成本 IEEE 802.15.3 QAM 接收机的设计需求。

5.2　系统模型

如图 5-1 所示，在 N 个符号周期内，扩频后的码片序列为 $S=(s_1,s_2,...,s_N)$。通过引入 CPO 和 CFO 的信道传输至接收端，接收信号为 $z_m=(z_{m,1},z_{m,2},\cdots,z_{m,16})$，$1\leqslant m\leqslant N$。

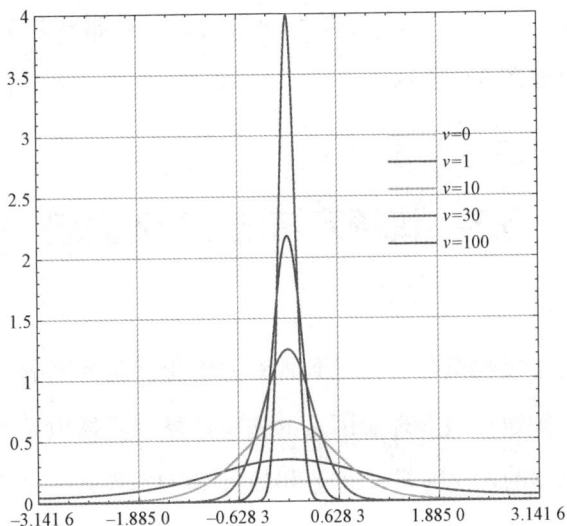

图 5-1　随机相位分布数学模型 $p(\theta|v)$ 曲线

具体来说，第 m 个比特周期的第 k 个接收芯片样本为：

$$z_{m,k}=s_{m,k}e^{j(\theta_{m,k}+m\omega_{m,k}T)}+n_{m,k},1\leqslant k\leqslant 16 \tag{5-1}$$

其中，$\theta_{m,k}$ 和 $\omega_{m,k}$ 分别表示信道传输引起的 CPO 和 CFO。$n_{m,k}$ 是均值为零、方差为 $\sigma_{m,k}^2$ 的复高斯随机变量。为了进一步方便描述分析，本章假设信号通过分组传输则 $\theta_{m,k}=\theta$，$\omega_{m,k}=\omega$，$n_{m,k}=n$，且它们之间相互独立。此外，随机频率偏移 ω 在区间 $(-\pi,\pi)$ 内服从均匀分布，随机相

位偏移 θ 的相位分布模型的数学表示式为：

$$p(\theta|v) = \begin{cases} \dfrac{\exp(v\cos\theta)}{2\pi I_0(v)}, & -\pi \leqslant \theta \leqslant \pi \\ 0, \text{其他} \end{cases}$$ （5-2）

其中，$I_0(v)$ 是第一类零阶修正贝塞尔函数，它是 $p(\theta|v)$ 的归一化因子[①]。该模型由威特伯提出，它可以描述从完全的 δ 函数分布，到完全不确定的均匀分布，其分布规律只受一个参数 v 控制，控制参数 v 与信道的物理特性等因素有关，而与加性噪声 $n_{m,k}$ 无关。当 $v=0$ 时，$p(\theta|v)$ 即为均匀分布，$v=+\infty$ 时，$p(\theta|v)$ 即为冲激函数。随机相位分布通用模型 $p(\theta|v)$ 的图形如图 5-1 所示。

5.3 传统方法的 LLR 提取

当信号到达接收机时，会受到各种非理想因素的影响。在这里假设接收端不完全知道这些非理想因素的先验信息。具体地说，假设噪声的方差是准确已知的，而随机 CPO θ 和随机 CFO ω 被认为是未知的。在这种情况下，第 m 个比特周期的第 k 个接收芯片样本为：

$$z_{m,k} = s_{m,k} e^{j(\theta + m\omega T)} + n_{m,k}$$ （5-3）

对于假设的 AWGN 信道模型，在 s_m，θ 和 ω 的条件下，接收信号 z_m 的后验概率可表示为：

---

① 赵树杰，赵建勋. 信号检测与估计理论（第 2 版）[M]. 北京：清华大学出版社，2005：149-239.

$$p(\boldsymbol{Z}|\boldsymbol{S},\omega,\theta)=\prod_{m=1}^{N}\prod_{k=1}^{16}p(z_{m,k}|s_{m,k},\omega,\theta)$$

$$=\frac{1}{(\sqrt{2\pi}\sigma)^{16N}}\exp\left\{-\frac{\left\|\boldsymbol{Z}-\boldsymbol{S}e^{j(\theta+m\omega T)}\right\|^2}{2\sigma^2}\right\} \tag{5-4}$$

其中：

$$\left\|\boldsymbol{Z}-\boldsymbol{S}e^{j(\theta+m\omega T)}\right\|^2=\sum_{m=1}^{N}\sum_{k=1}^{16}\left|z_{m,k}-s_{m,k}e^{j(\theta+m\omega T)}\right|^2$$

$$=\sum_{m=1}^{N}\sum_{k=1}^{16}[|z_{m,k}|^2+|s_{m,k}|^2]-2\operatorname{Re}\left\{\sum_{m=1}^{N}\sum_{k=1}^{16}z_{m,k}s_{m,k}^*e^{jm\omega T}\right\}\cos\theta$$

$$-2\operatorname{Im}\left\{\sum_{m=1}^{N}\sum_{k=1}^{16}z_{m,k}s_{m,k}^*e^{jm\omega T}\right\}\sin\theta$$

$$\tag{5-5}$$

考虑 5.2 节中假设的随机相位偏移一般模型，在 s_m，ω 的条件下，接收信号 z_m 的后验概率可表示为：

$$p(\boldsymbol{R}|\boldsymbol{S},\omega)=\int_{-\pi}^{\pi}p(\boldsymbol{R}|\boldsymbol{S},\theta,\omega)\frac{\exp(v\cos\theta)}{2\pi I_0(v)}\mathrm{d}\theta$$

$$=\frac{1}{(2\pi\sigma^2)^{16N}I_0(v)}\frac{1}{2\pi}\int_{-\pi}^{\pi}\exp\left(-\frac{\left\|\boldsymbol{R}-\boldsymbol{S}e^{j(\theta+m\omega T)}\right\|^2-2\sigma^2v\cos\theta}{2\sigma^2}\right)\mathrm{d}\theta$$

$$\tag{5-6}$$

由式（5-6）可得：

$$p(\boldsymbol{Z}|\boldsymbol{S},\omega)=\frac{1}{(2\pi\sigma^2)^{16N}I_0(v)}\frac{1}{2\pi}\int_{-\pi}^{\pi}\exp\left(\frac{A}{\sigma^2}\right)\mathrm{d}\theta$$

$$\times\exp\left(-\frac{1}{2\sigma^2}\sum_{m=1}^{N}\sum_{k=1}^{16}\left[|z_{m,k}|^2+|s_{m,k}|^2\right]\right) \tag{5-7}$$

其中：

$$A = \frac{1}{\sigma^2} \mathrm{Re}\left\{ \sum_{m=1}^{N} \sum_{k=1}^{16} z_{m,k} s_{m,k}^* e^{jm\omega T} \right\} \cos\theta + v\cos\theta$$

$$+ \frac{1}{\sigma^2} \mathrm{Im}\left\{ \sum_{m=1}^{N} \sum_{k=1}^{16} z_{m,k} s_{m,k}^* e^{jm\omega T} \right\} \sin\theta \qquad (5\text{-}8)$$

$$= l\cos\alpha\cos\theta + l\sin\alpha\sin\theta$$

$$= l\cos(\alpha - \theta)$$

式（5-8）中，$l\cos\alpha = \mathrm{Re}\left\{ \sum_{m=1}^{N} \sum_{k=1}^{16} z_{m,k} s_{m,k}^* e^{jm\omega T} \right\} + \sigma^2 v$，$l\sin\alpha = \mathrm{Im}\left\{ \sum_{m=1}^{N} \sum_{k=1}^{16} z_{m,k} s_{m,k}^* e^{jm\omega T} \right\}$，

$$l = [(l\cos\alpha)^2 + (l\sin\alpha)^2]^{\frac{1}{2}}, l \geqslant 0, -\pi \leqslant \alpha \leqslant \pi，\alpha = \tan^{-1} \frac{\mathrm{Im}\left\{ \sum_{m=1}^{N} \sum_{k=1}^{16} z_{m,k} s_{m,k}^* e^{jm\omega T} \right\}}{\mathrm{Re}\left\{ \sum_{m=1}^{N} \sum_{k=1}^{16} z_{m,k} s_{m,k}^* e^{jm\omega T} \right\} + \sigma^2 v}。$$

因此，式（5-7）可表示为：

$$p(\boldsymbol{Z}|\boldsymbol{S}, w) = \frac{1}{(2\pi\sigma^2)^{16N} I_0(v)} \exp\left(-\frac{1}{2\sigma^2} \sum_{m=1}^{N} \sum_{k=1}^{16} \left[|z_{m,k}|^2 + |s_{m,k}|^2 \right] \right)$$

$$\times \frac{1}{2\pi} \int_{-\pi}^{\pi} \exp\left(\frac{l\cos(\alpha - \theta)}{\sigma^2} \right) \mathrm{d}\theta \qquad (5\text{-}9)$$

$$= \frac{1}{(2\pi\sigma^2)^{16N} I_0(v)} \exp\left(-\frac{1}{2\sigma^2} \sum_{m=1}^{N} \sum_{k=1}^{16} \left[|z_{m,k}|^2 + |s_{m,k}|^2 \right] \right) I_0\left(\frac{l}{\sigma^2} \right)$$

考虑 5.2 节中假设的 CFO ω 服从均匀分布，在 $\boldsymbol{S}$ 的条件下，接收信号 $\boldsymbol{Z}$ 的后验概率可表示为：

$$p(\boldsymbol{Z}|\boldsymbol{S}) = \int_{-\pi}^{\pi} p(\boldsymbol{Z}|\boldsymbol{S}, \omega) p(\omega) \mathrm{d}\omega \qquad (5\text{-}10)$$

由于式（5-11）含有零阶贝塞尔函数积分不易求解，在此本节考虑 $\triangle\omega = \omega_1 - \omega_2/M = 2\pi/M$ 为间隔，M 为某个正整数，将上式写成离散化形式，积分号变为求和号则有[1]：

① Zhang G, Li H, Han C, et al. Multiple symbol detection for convolutional coded O-QPSK signals in smart metering utility networks without channel state information[J]. Physical Communication, 2021, 49: 101490.

$$p(\boldsymbol{Z}|\boldsymbol{S}) = \sum_{i=1}^{M} p(\boldsymbol{Z}|\boldsymbol{S},\omega_i)P(\omega_i)$$

$$= \sum_{i=1}^{M} \frac{1}{(2\pi\sigma^2)^{16N} I_0(v)} I_0\left(\frac{l_i}{\sigma^2}\right)\frac{1}{M} \qquad (5\text{-}11)$$

$$\times \exp\left(-\frac{1}{2\sigma^2}\sum_{m=1}^{N}\sum_{k=1}^{16}\left[\left|z_{m,k}\right|^2 + \left|s_{m,k}\right|^2\right]\right)$$

式（5-11）中，$\omega_i = \omega_1 + (i-1)\Delta\omega$，$P(\omega_i) = p(\omega_i)\Delta\omega$，

$$l_i = \sqrt{\left(\mathrm{Re}\left\{\sum_{m=1}^{N}\sum_{k=1}^{16}z_{m,k}s_{m,k}^* e^{jm\omega_1 T}\right\}+\sigma^2 v\right)^2 + \left(\mathrm{Im}\left\{\sum_{m=1}^{N}\sum_{k=1}^{16}z_{m,k}s_{m,k}^* e^{jm\omega_1 T}\right\}\right)^2}$$

$$(5\text{-}12)$$

由式（5-5）和式（5-12）可以得出对数似然比的表达式为：

$$\zeta_m = \ln\frac{\displaystyle\sum_{s_m\in S_m^1}\sum_{i=1}^{M}\exp\left(-\frac{1}{2\sigma^2}\sum_{m=1}^{N}\sum_{k=1}^{16}\left[\left|z_{m,k}\right|^2+\left|s_{m,k}\right|^2\right]\right)I_0\left(\frac{l_i}{\sigma^2}\right)}{\displaystyle\sum_{s_m\in S_m^1}\sum_{i=1}^{M}\exp\left(-\frac{1}{2\sigma^2}\sum_{m=1}^{N}\sum_{k=1}^{16}\left[\left|z_{m,k}\right|^2+\left|s_{m,k}\right|^2\right]\right)I_0\left(\frac{l_i}{\sigma^2}\right)}$$

$$(5\text{-}13)$$

其中，集合 $\boldsymbol{S}_m^0$ 和 $\boldsymbol{S}_m^1$ 分别包含第 m 位比特为 0 和 1 的符号，$\boldsymbol{S}_m^0 \bigcup \boldsymbol{S}_m^1 = \boldsymbol{S}$。

在传统的部分相干检测方案中，LLR 计算用式表示，其中包括复指数函数、对数函数和高度复杂的零阶贝塞尔函数。理论的 LLR 值与实际的复杂环境真实的 LLR 值仍有差距，为寻求更多的可能性，本节考虑硬判决的方式，与软判决的目的不同，硬判决是为了得到比特判定的结果。其目的是使恢复的比特与实际传输的比特尽可能相同，从而降低译码的误码率。

$$b_m = \begin{cases} 0 & \text{如果 } \zeta_m > 0, \\ 1 & \text{如果 } \zeta_m \leq 0. \end{cases} \qquad (5\text{-}14)$$

5.4 基于神经网络的 LLR 提取

上一节研究了部分相干信道下传统提取 LLR 的方法，在此基础上进一步的研究基于神经网络的部分相干信道下的 LLR 提取方法，具体实现过程如下。

5.4.1 网络结构

硬判决可以看成一个关于 0 和 1 的二元分类问题，本节将第 4.4.1 节构建的神经网络结构的输出层激活函数修改为线性输出函数，隐藏层激活函数采用双曲正切函数。在神经网络的激活函数选择中，Sigmoid 函数的取值范围为（0，1），它可以将一个值映射到（0，1）之间，用于二分类问题中。但是 Sigmoid 极容易导致梯度消失问题，假设神经元输入 Sigmoid 的值特别大或特别小，对应的梯度约等于 0，即使从上一步传导来的梯度较大，该神经元权重和偏置的梯度也会趋近于 0，导致参数无法得到有效更新。因此本节仍选择在一定程度上，减轻了梯度消失的问题的 Tanh 函数。该函数类似于幅度增大 Sigmoid，将输入值转换为-1 至 1 之间。Tanh 的导数取值范围在 0 至 1 之间，优于 Sigmoid 的 0 至 1/4，在一定程度上，减轻了梯度消失的问题。

$$\text{Tanh}(x) = 2\text{Sigmoid}(x) - 1 \qquad （5-15）$$

Sigmoid 函数在一定意义上可以表示比特为 1 的概率，因此从硬判决的数据训练的神经网络模型的输出中能够提取软信息用于检测。

$$\hat{\zeta}_m = \log\left(\frac{1-\hat{Y}_m}{\hat{Y}_m}\right), m=1,2,\cdots,N \qquad （5-16）$$

5.4.2　训练过程

4.4.2 节中详细描述了信道引入随机频偏后直接在接收端采样作为神经网络训练集的方法训练的神经网络模型精度比采用提出的量化方案差，本节同时引入随机相位偏移和随机频率偏移，若同时对两种随机量采用量化方法提高神经网络训练集包含的特征量，神经网络的训练集的样本数量将呈指数增大。为进一步降低神经网络训练集样本数量的同时保证训练后的神经网络模型检测性能考虑以下两种训练集。

第一种与第 3 章、第 4 章相同，训练集由接收机接收信号实部、虚部、式（5-12）计算的 LLR 构成。采样时考虑在传统方法 LLR 提取过程中对 CFO 量化的取值条件下采样神经网络训练集样本，而不同于第 5 章节中对每个信噪比都训练对应神经网络的方式，采用在高信噪比下在接收机端采样信息用于神经网络训练，训练后的神经网络对低信噪比同样适用，训练集如式表示：

$$D_1 = \{[\mathrm{Re}(z_m)\ \mathrm{Im}(z_m)]^m, \zeta_m\}_{m=1}^N \qquad （5-17）$$

第二种训练集是基于硬检测位信息式（5-13）构成的训练集，该训练集训练的神经网络的输出可以提取软信息。与第一种方法相同点在于同样考虑了相位偏移量量化取值，以及高信噪比下采样信息而不选择每个信噪比都采样的方法，直接在硬检测接收机接收端采样作为神经网络训练集训练的神经网络精度，训练集如式表示：

$$D_2 = \{[\mathrm{Re}(z_m)\ \mathrm{Im}(z_m)]^m, b_m\}_{m=1}^N \qquad （5-18）$$

以硬检测数据驱动的神经网络为例说明，本节损失函数使用第 4 章、

第 5 章相同的最小均方误差函数，以及反向传播算法则：

$$Loss(\eta) = \frac{1}{N} \sum_{m=1}^{N} \left\| b_m - \hat{b}_m \right\|^2 \qquad （5-19）$$

定义一个停止标准，该标准可以是固定次数的迭代、损失的阈值或损失未减少的迭代次数。除非满足停止准则，否则更新参数集 η，基于使用梯度下降的学习算法。

$$\eta \leftarrow \eta - \alpha Loss(\eta) \qquad （5-20）$$

其中 α 是学习率。在新学习的训练参数集下重新计算损失函数。在满足停止条件并完成训练，训练流程如图 5-2 所示。

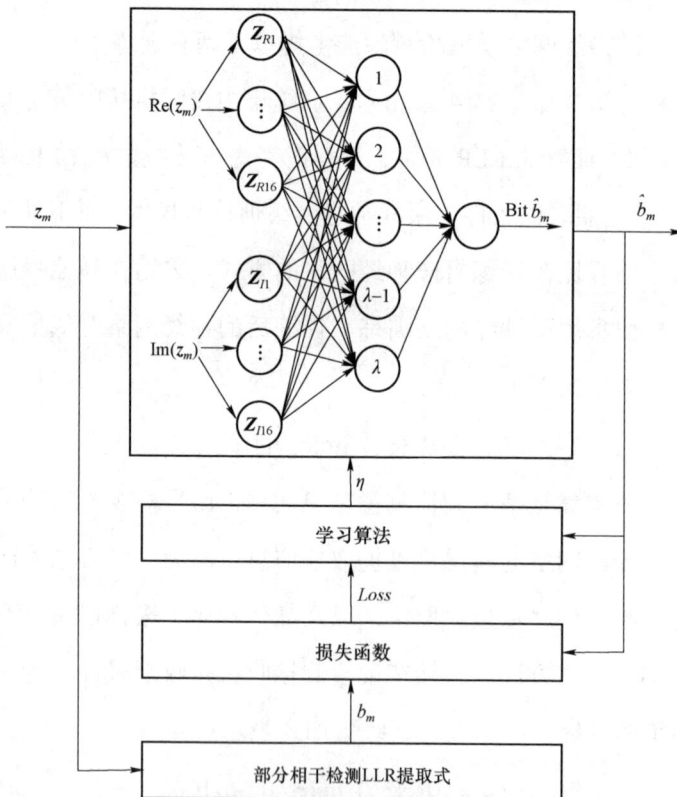

图 5-2　神经网络训练流程

软信息或基于硬检测位信息构成的训练集训练的神经网络结构替代传统部分相干检测算法的提取 LLR 模块。基于软信息驱动的神经网络的部分相干检测的算法见表 5-1。在下一节中，将模拟训练后的神经网络，并在两个端到端系统中评估其性能。

表 5-1　编码 QAM 信号的神经网络部分相干检测算法

算法 3：编码 QAM 信号的基于神经网络部分相干检测算法

输入： $s_{m,k}$ ：第 m 个比特周期的复基带样本； $\theta_{m,k}$ ：第 m 个比特周期的第 k 个符号序列的实际相位； $\omega_{m,k}$ ：第 m 个比特周期的第 k 个符号序列的实际角频率； $z_{m,k}$ ：实际接收数据的第 m 个比特周期的第 k 个符号序列； N ：发送 N 位比特信息； D ：存储在接收机存储器中的训练集；

输出： $\hat{X}$ ：实际检测比特。

1：初始化 $N=1$, $k=16$ ；

2：for　$m=1; 1 \leqslant m \leqslant N; m++$　do

3：for　$k=1; 1 \leqslant k \leqslant 32; k++$　do

4：　　$z_{m,k} \leftarrow s_{m,k} e^{j(\theta_{m,k}+m\omega_{m,k}T)} + n_{m,k}$

6：end for

7：神经网络输入 $\leftarrow [\mathrm{Re}(z_m)\ \mathrm{Im}(z_m)]$

8：　$\zeta_m \leftarrow$ 神经网络输出

9：end for

10：如果信噪比改变，使用相应信噪比下的 D 重新训练神经网络；

11：接收机用 ζ_m 通过 BP 译码算法计算 $\hat{X}$ ；

12：返回 $\hat{X}$ 。

5.5　仿真结果与分析

在上一节给出的基于神经网络的 LLR 提取的部分相干检测的两种方案分析下，接下来将进一步通过仿真验证该方案的性能。

5.5.1　仿真参数

本节首先通过实验确定随机频率偏移的量化阶数，其次模拟了不同随机相位分布条件下不同检测方案的检测性能和实现复杂度。最后，为了验证所提方案对相位偏移和频率偏移的鲁棒性，还分析了动态相位与频率信道下的仿真。引入的随机相位分布模型为式，CPO 模型参数 v 值不同时神经网络训练的高信噪比值不同，采样传统检测方案的 $BER = 10^{-3}$ 时接收端对应信噪比产生的数据构成神经网络训练集。表 5-2 为本章仿真工作中的详细参数。

表 5-2　仿真参数

参数	类型
信道条件	AWGN
检测方案	部分相干检测
时间同步	完美
调制方式	16-QAM
扩频因子	64
码片速率（Mchip/s）	1
频率偏移 ω（rads）	在 $(-\pi, \pi)$ 区间内均匀分布
相位偏移 θ（rads）	$p(\theta|v)$ 数学模型
神经网络隐藏层数	4
$v = 5$	训练集采样 SNR = 12.5 dB
$v = 10$	训练集采样 SNR = 14.5 dB
$v = 15$	训练集采样 SNR = 15.5 dB
量化阶数 L	5

5.5.2　CFO 量化阶数对检测性能的影响

图 5-3 表示在 CPO 模型参数 v 不同时，不同 CFO 量化阶数条件下传统部分相干检测算法的检测性能曲线比较。从图中可以看出随着 CFO 量

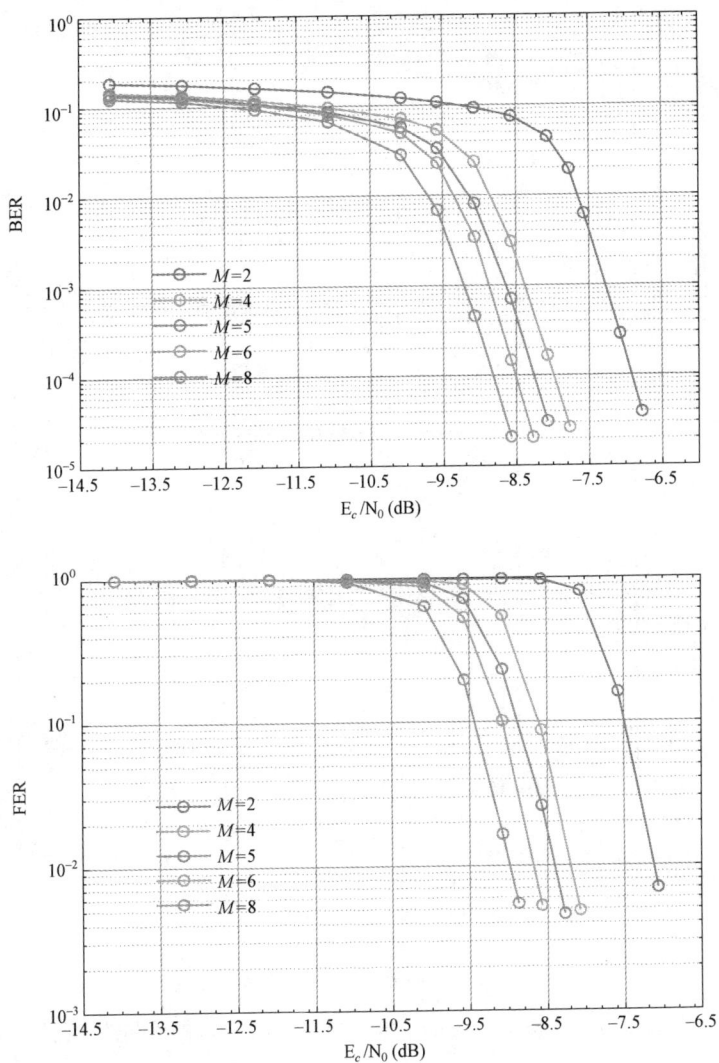

（a）CPO 模型参数 $v=5$

图 5-3　传统部分相干检测方案 CFO 量化阶数 M 不同时的检测性能曲线

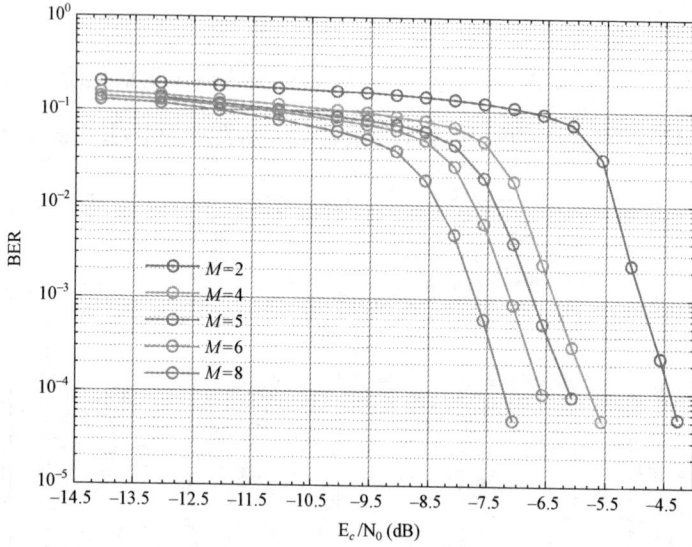

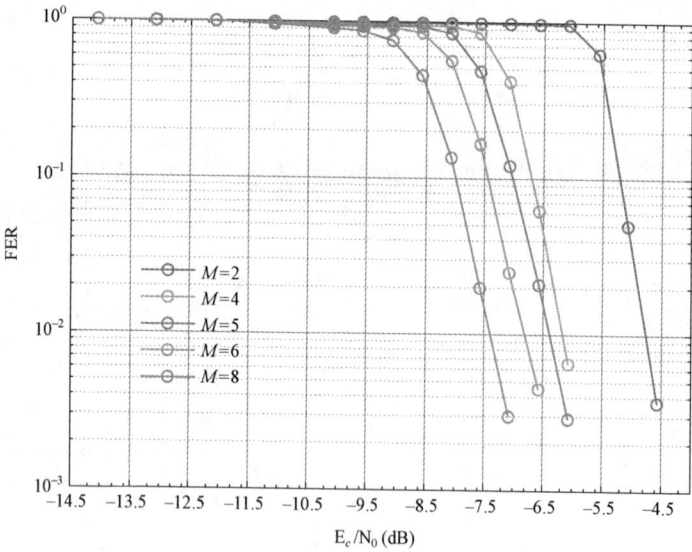

（b）CPO模型参数 $v=10$

图 5-3　传统部分相干检测方案 CFO 量化阶数 M 不同时的检测性能曲线（续）

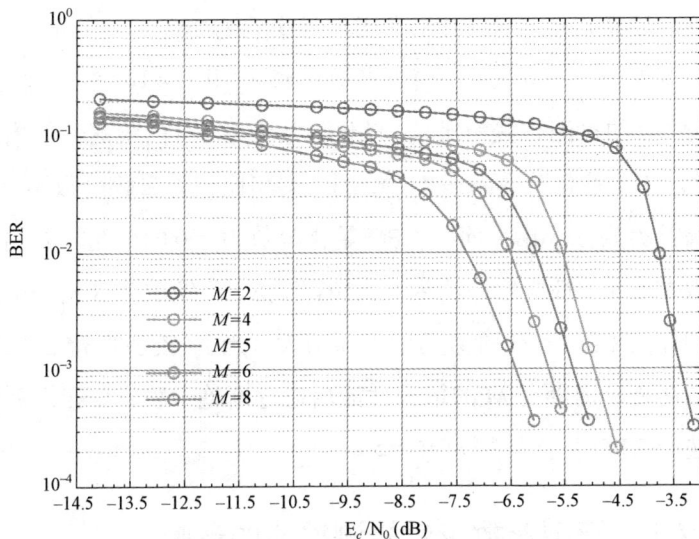

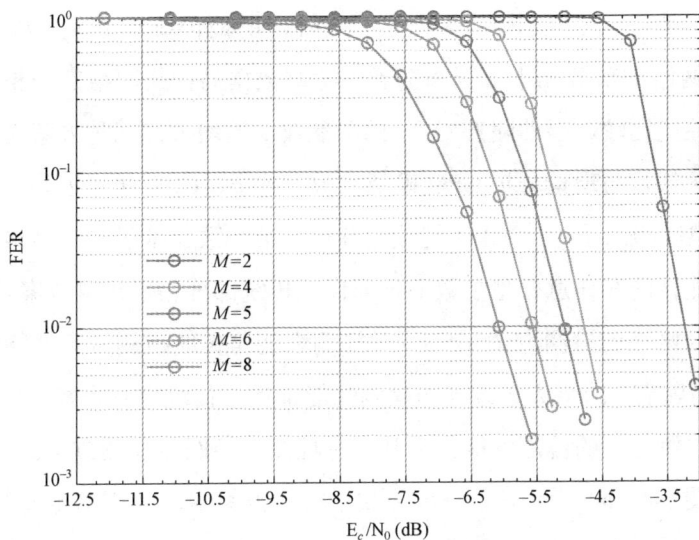

（c）CPO模型参数 v=15

图 5-3　传统部分相干检测方案 CFO 量化阶数 M 不同时的检测性能曲线（续）

化阶数的增大，检测增益也逐渐增大并趋于稳定，与积分转为求和时的理论分析一致，量化阶数越大，积分划分的求和区间越小，转为求和时值越精确。注意，这里选择 BP 译码迭代次数为 20。

如图 5-3（a）所示 CPO 模型参数 $v = 5$，$BER = 10^{-3}$ 时，与 CFO 量化阶数 $M = 2$ 的检测方案相比较，量化阶数为 $M = 4$ 的检测性能增益约为 1 dB；与 CFO 量化阶数 $M = 4$ 的检测方案相比较，量化阶数 $M = 6$ 的检测性能增益约为 0.5 dB；而与 CFO 量化阶数 $M = 6$ 的检测方案相比较，量化阶数 $M = 8$ 的性能增益约为 0.3 dB。显然，传统的部分相干检测方案的检测性能随 CFO 量化阶数的增大而增大，当 M 较小时 M 的改变检测性能增益明显，而随着 M 的增大性能增益逐渐趋于稳定。在之后的仿真分析中选取 CFO 量化阶数为 $M = 5$。

5.5.3　CPO 模型参数 v 对检测性能的影响

图 5-4 表示 CPO 模型参数 v 不同时，所提传统部分相干检测、基于神经网络的部分相干检测和基于硬检测数据的神经网络部分相干检测的检测性能比较。显然随着 CPO 模型参数 v 的增大，三种方案的检测性能逐渐降低，与理论分析 CPO 模型参数 v 越小，CPO 越接近均匀分布，CPO 模型参数 v 越大，CPO 越接近冲击函数一致。基于神经网络的检测方案检测性能在任意模型参数 v 时都优于传统部分相干检测方案。基于硬检测神经网络的检测方案在 $v = 5$ 时检测性能与传统检测方案性能曲线相重合，而随着 v 的增大该方案的检测性能都优于传统检测方案。基于神经网络的检测方案的检测性能优于基于硬检测神经网络检测方案。

据图 5-4（a）所示，传统部分相干检测方案中，当 $BER = 10^{-3}$ 时，与 $v = 15$ 的传统部分相干检测相比较，$v = 5$ 的传统部分相干检测性能增益为 3.1 dB，$v = 5$ 的传统部分相干检测性能增益为 1.9 dB。当 CPO 模型参数 $v = 10$，$BER = 10^{-3}$ 时与传统部分相干检测的方案相比较，基于神经网络的部分相干检测方案性能增益约为 2 dB，基于硬检测数据神经网络的部分相干检测方案性能增益约为 1.8 dB。显然，利用两种离线数据训练的神经网络方案都优于传统部分相干检测方案。

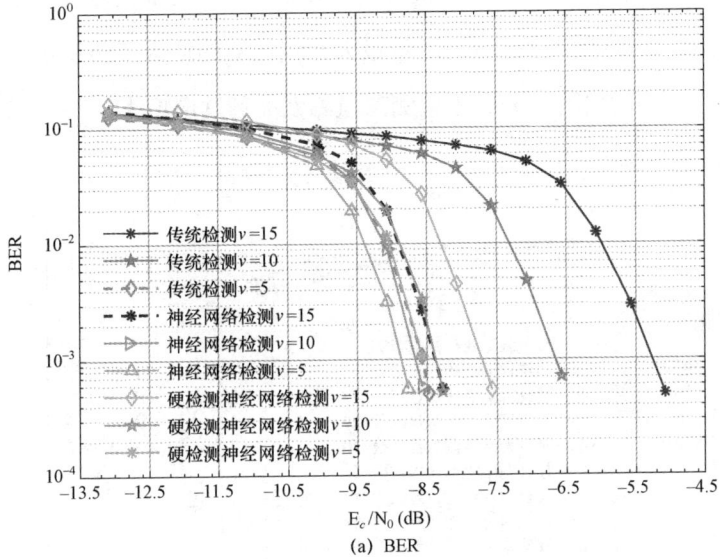

(a) BER

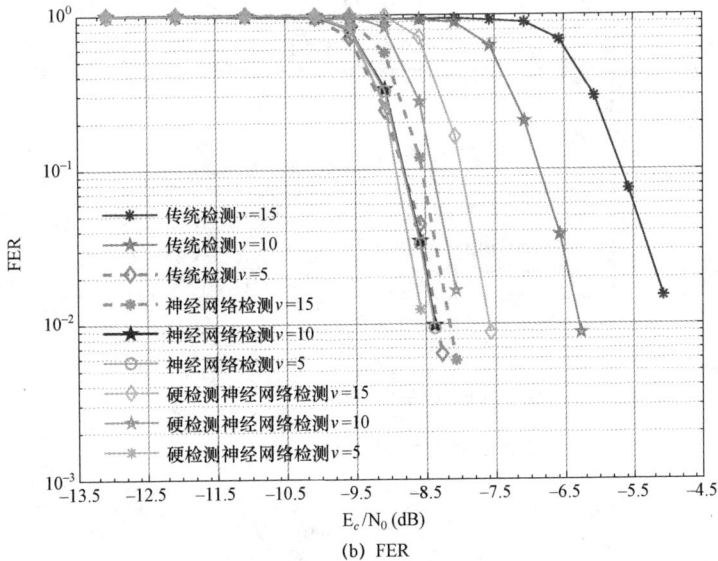

(b) FER

图 5-4　CPO 模型参数 v 对不同检测方案的性能影响

5.5.4 迭代次数对检测性能的影响

图 5-5 显示在 CPO 模型参数 v 下 LDPC 解码器的最大迭代次数对检测性能的影响。从图中可以看出随着最大迭代次数的增大，传统部分相干检测与基于神经网络的部分相干检测的检测性能都逐渐增大，并趋于平稳。

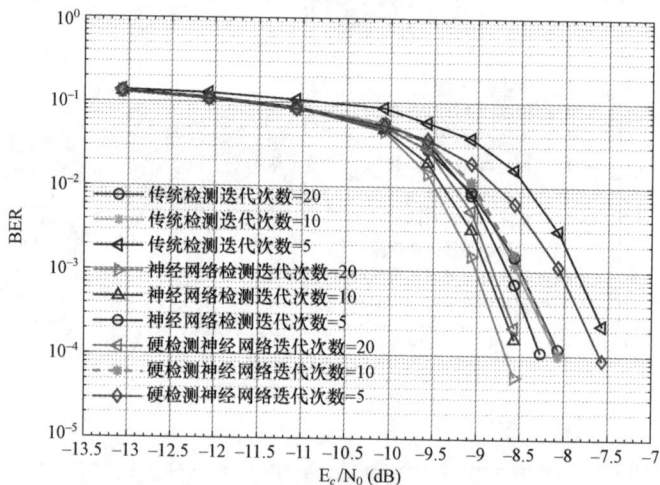

(a) CPO模型参数 $v=5$

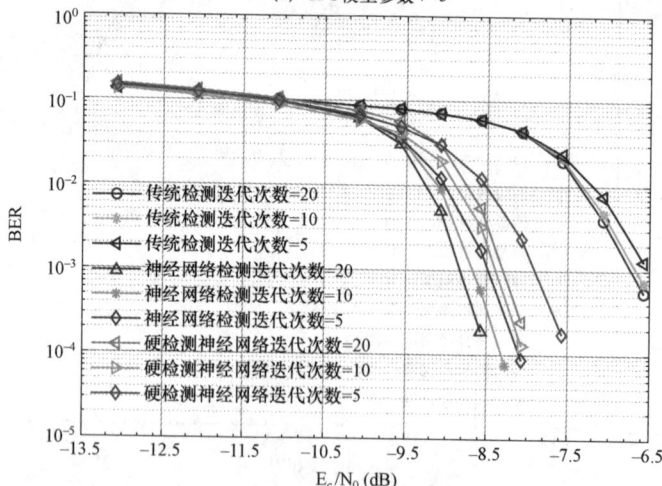

(b) CPO模型参数 $v=10$

图 5-5　迭代次数对检测性能的影响

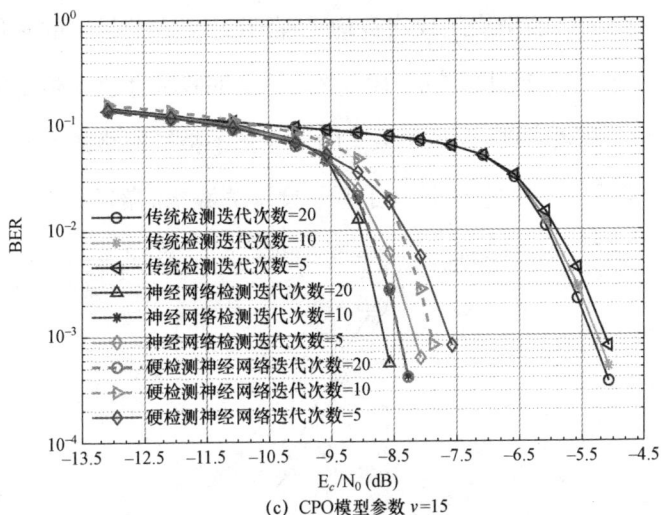

(c) CPO模型参数 v=15

图 5-5　迭代次数对检测性能的影响（续）

具体而言，如图 5-5（a）所示，当最大迭代次数为 20，BER = 1×10^{-3} 时，与传统部分相干检测相比，基于神经网络的性能增益约为 0.5 dB，基于硬检测神经网络的检测性能增益约为 0.25 dB。当 BER = 1×10^{-3} 时，随着最大迭代次数从 5 增加到 10，基于神经网络的检测性能增益约 0.45 dB，基于硬检测神经网络的检测性能增益约为 0.5 dB；随着最大迭代次数从 10 增加到 20，基于神经网络的检测性能增益约 0.05 dB，基于硬检测神经网络的检测性能增益约为 0.4 dB。显然，本节中提出的两种神经网络方案与传统部分相干检测方案相比具有良好的检测性能。

5.5.5　迭代译码的收敛速度分析

图 5-6 给出了在 CPO 模型参数 v 下，三种 LLR 提取方案下（672，336）LDPC 码使用 BP 译码算法的平均迭代次数。可以看出，随着信噪比的增大，CPO 模型参数 v 越大，传统检测方案的 BP 解码算法的平均迭代次数逐渐增大。而随着信噪比的增大，基于神经网络的两种检测方

案的 BP 解码算法的平均迭代次数均是逐渐减小。本节提出的两种基于神经网络的部分相干检测算法的 BP 解码算法的收敛性优于传统的部分相干检测算法，随着 CPO 模型参数 v 的增大基于神经网络的部分相干检测算法的 BP 解码算法的收敛性优于基于硬检测数据的部分相干算法。

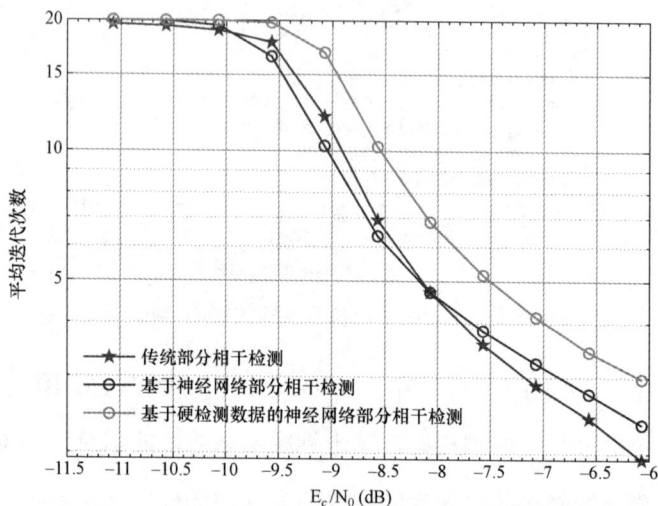

(a) CPO模型参数 v=5

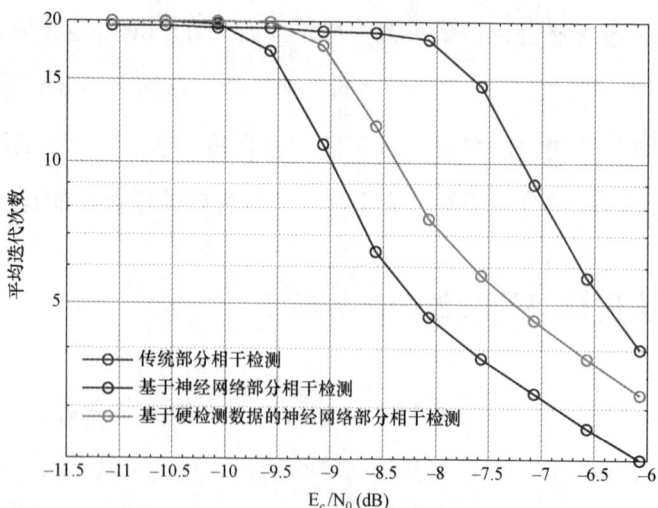

(b) CPO模型参数 v=10

图 5-6　不同 CPO 模型参数 v 时，三种方案的平均迭代译码次数比较

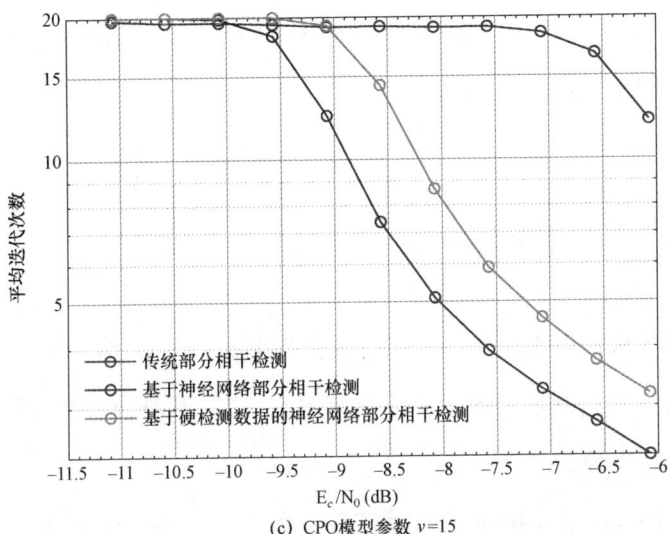

(c) CPO 模型参数 $v=15$

图 5-6　不同 CPO 模型参数 v 时，三种方案的平均迭代译码次数比较（续）

　　具体而言，如图 5-6（a）所示，在 $v=5$ 时，传统部分相干检测的 BP 解码算法的平均迭代次数曲线与基于神经网络部分相干检测接近，且在信噪比大于 $E_c/N_0 = -8$ dB 后，BP 解码算法平均迭代次数小于基于神经网络部分相干检测。在任意信噪比下，传统部分相干检测的 BP 解码算法的平均迭代次数均小于基于硬检测神经网络的部分相干检测 BP 解码算法的平均迭代次数。显然，与 5.5.3 节中 CPO 模型 v 对检测性能的影响的分析相符合。如图 5-6（b）与图 5-6（c）所示，v 从 10 增加到 15，$E_c/N_0 = -6$ dB 时，传统部分相干检测的 BP 解码算法的平均迭代次数约增加了 8 次，而两种基于神经网络的检测方案的 BP 解码算法的平均迭代次数相同，且基于神经网络的部分相干检测方案的 BP 解码算法的平均迭代次数与基于硬检测神经网络部分相干检测方案的 BP 解码算法的平均迭代次数约减少了 4 次。随着 CPO 模型参数 v 的增大基于神经网络的部分相干检测算法的 BP 解码算法的收敛性优于基于硬检测数据的部分相干算法，两种基于神经网络的部分相干检测算法的 BP 解码算法的收敛性优于传统的部分相干检测算法。

5.5.6　鲁棒性分析

本小节从相偏鲁棒性研究了所提出的编码 QAM 信号传统部分相干检测和基于神经网络的部分相干检测方案、基于硬检测神经网络部分相干检测的可靠性。

对编码 QAM 信号的基于神经网络的部分相干检测方案、基于硬检测神经网络部分相干检测与传统部分相干检测的检测性能曲线分析。传输信号相位服从维纳过程 $\theta_{n+1} = \theta_n + \Delta_n$，$\Delta_n$ 是一个均值为零方差为 σ_n^2 的高斯随机变量，初始相位在 $(-\pi, \pi)$ 之间服从均匀分布，将标准差为 0 度的检测性能作为基准线。

如图 5-7（a）所示，在 BER $= 1 \times 10^{-3}$ 时，编码 QAM 信号的传统部分相干检测方案中，当相位抖动标准差从 0 度增加到 3 度时，性能损失约为 0.25 dB；当相位抖动标准差从 3 度增加到 9 度时，损耗增加到 0.16 dB。如图 5-7（b）所示，在 BER $= 1 \times 10^{-3}$ 时，基于神经网络部分相干检测方案，在相位抖动标准差从 0 度增加到 3 度时，性能损失仅为 0.1 dB，当相位抖动标准差从 3 度增加到 9 度时，损耗增加到 0.3 dB。如图 5-7（c）所示，在 BER $= 1 \times 10^{-3}$ 时，基于硬检测神经网络部分相干检测方案，在相位抖动标准差从 0 度增加到 3 度时，性能损失仅为 0.1 dB，当相位抖动标准差从 3 度增加到 9 度时，损耗增加到 0.1 dB。显然，与传统方法相比，在 CPO 模型参数 $v=5$ 时，基于硬检测神经网络的部分相干检测方案在相位抖动为 9 的范围内没有明显的性能损失，并且对相位抖动具有更强的鲁棒性。

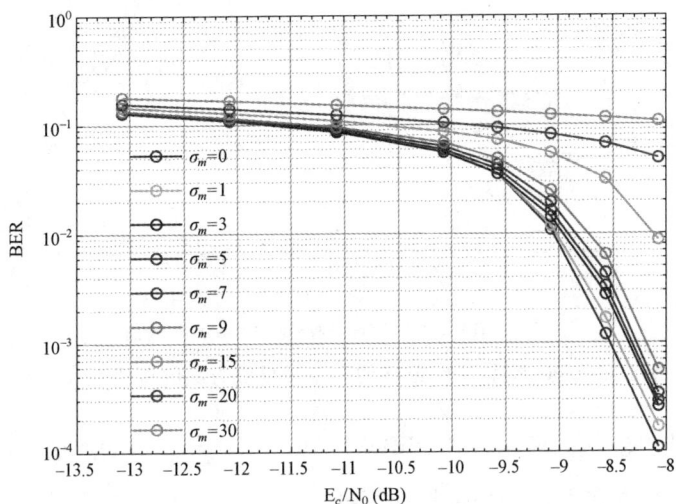

(a) 传统部分相干检测

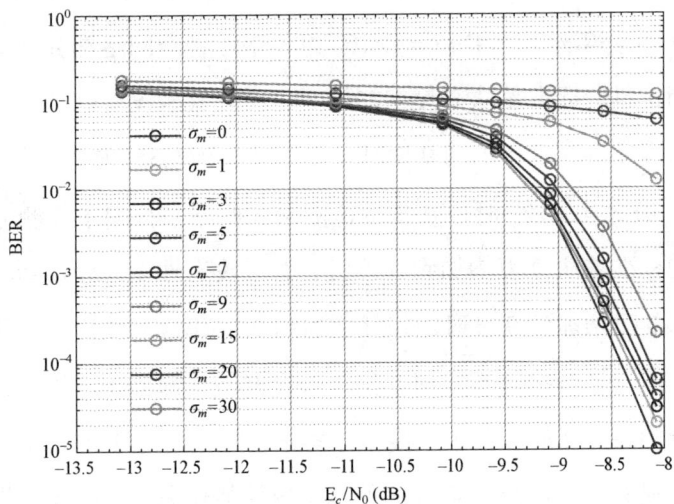

(b) 基于LLR数据驱动的神经网络部分相干检测

图 5-7　CPO 模型参数 $v=5$ 时，三种检测方案的鲁棒性

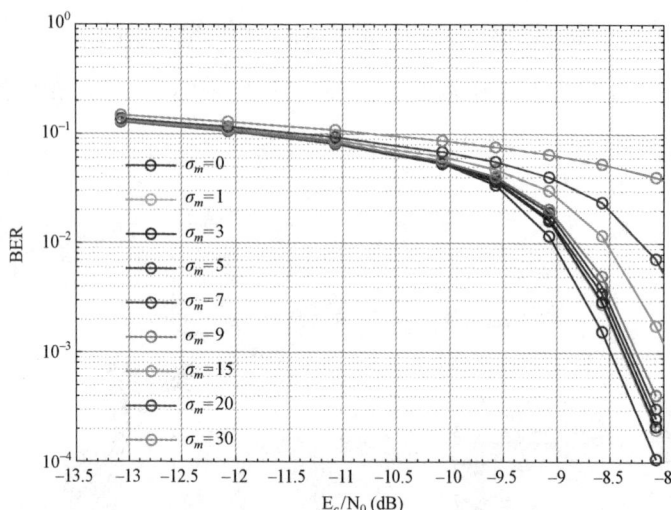

（c）基于硬检测数据神经网络的部分相干检测

图 5-7　CPO 模型参数 $v=5$ 时，三种检测方案的鲁棒性（续）

如图 5-8（a）所示，在 $BER=1\times10^{-2}$ 时，编码 QAM 信号的传统部分相干检测方案中，当相位抖动标准差从 0 度增加到 3 度时，性能损失约为 0.4 dB；当相位抖动标准差从 3 度增加到 9 度时，损耗仅增加 0.05 dB。如图 5-8（b）所示，在 $BER=1\times10^{-3}$ 时，基于神经网络部分相干检测方案，在相位抖动标准差从 0 度增加到 3 度时，几乎没有性能损失，当相位抖动标准差从 3 度增加到 9 度时，损耗增加到 0.35 dB。如图 5-8（c）所示，在 $BER=1\times10^{-3}$ 时，基于硬检测神经网络部分相干检测方案，在相位抖动标准差从 0 度增加到 3 度时，几乎没有性能损失，当相位抖动标准差从 3 度增加到 9 度时，损耗增加到 0.1 dB。显然，与传统方法相比，在 CPO 模型参数 $v=10$ 时，基于神经网络的部分相干检测方案和基于硬检测神经网络的部分相干检测方案在相位抖动为 3 的范围内没有明显的性能损失，在相位抖动为 9 的范围内性能损失少，因此所提的两种方案对相位抖动具有更强的鲁棒性。

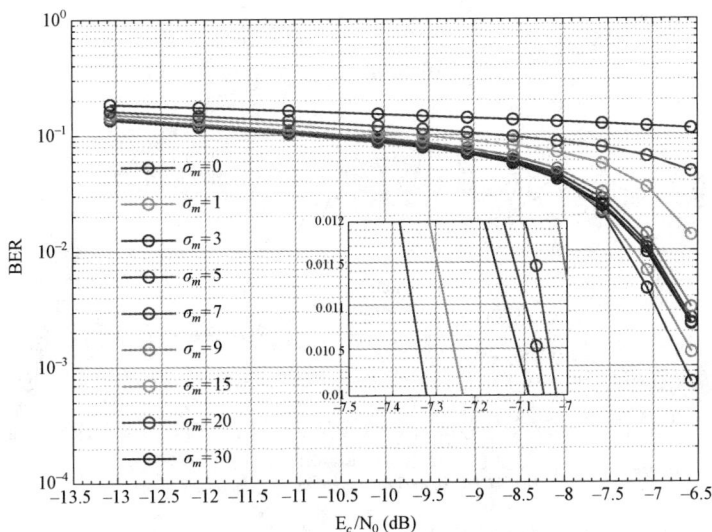

(a) 传统部分相干检测

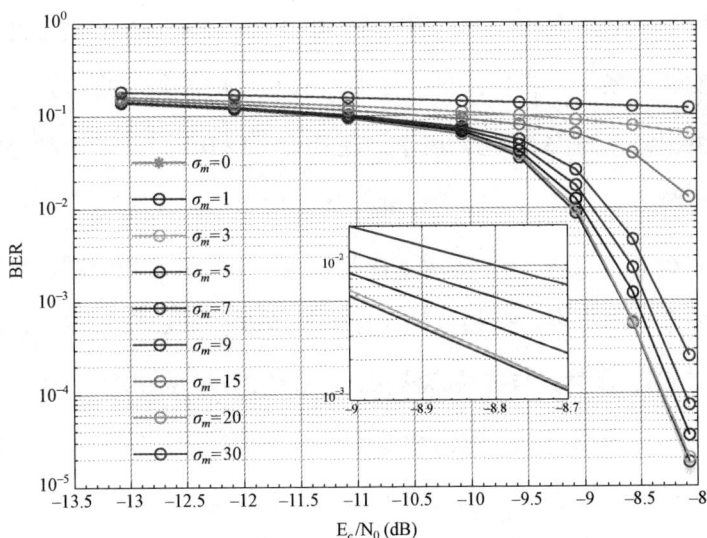

(b) 基于LLR数据驱动的神经网络部分相干检测

图 5-8　CPO 模型参数 $v = 10$ 时，三种检测方案的鲁棒性

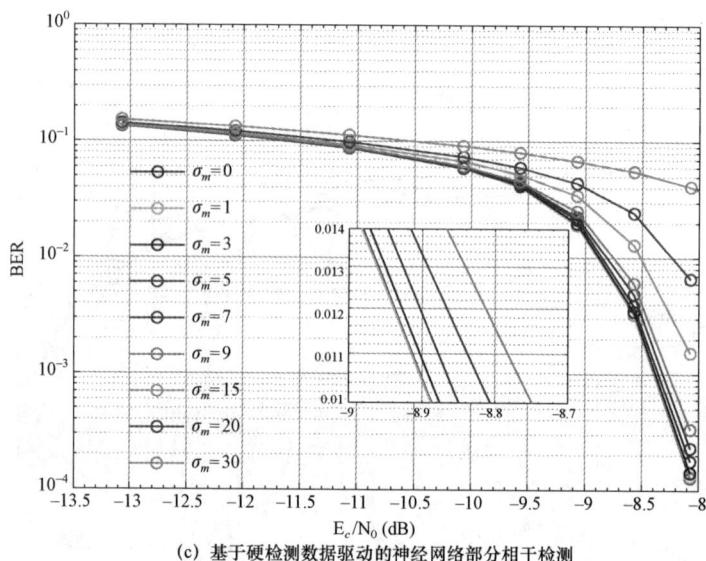

（c）基于硬检测数据驱动的神经网络部分相干检测

图 5-8　CPO 模型参数 $v=10$ 时，三种检测方案的鲁棒性（续）

如图 5-9（a）所示，在 BER $=1\times10^{-2}$ 时，编码 QAM 信号的传统部分相干检测方案中，当相位抖动标准差从 0 度增加到 9 度时，性能损失约为 0.5 dB。如图 5-9（b）所示，在 BER $=1\times10^{-3}$ 时，基于神经网络部分相干检测方案，在相位抖动标准差从 0 度增加到 9 度时，性能损失约为 0.45 dB。如图 5-9（c）所示，在 BER $=1\times10^{-3}$ 时，基于硬检测神经网络部分相干检测方案，在相位抖动标准差从 0 度增加到 9 度时，性能损失为 0.05 dB。显然，与传统方法相比，在 CPO 模型参数 $v=15$ 时，基于神经网络的部分相干检测方案和基于硬检测神经网络的部分相干检测方案在相位抖动为 9 的范围内没有明显的性能损失，因此所提的两种方案对相位抖动具有更强的鲁棒性。

从仿真结果可知，随着 CPO 模型 v 的增大，基于 LLR 数据驱动的神经网络部分相干检测和基于硬检测数据驱动的神经网络部分相干检测与传统部分相干检测相比具有更好的相偏鲁棒性。

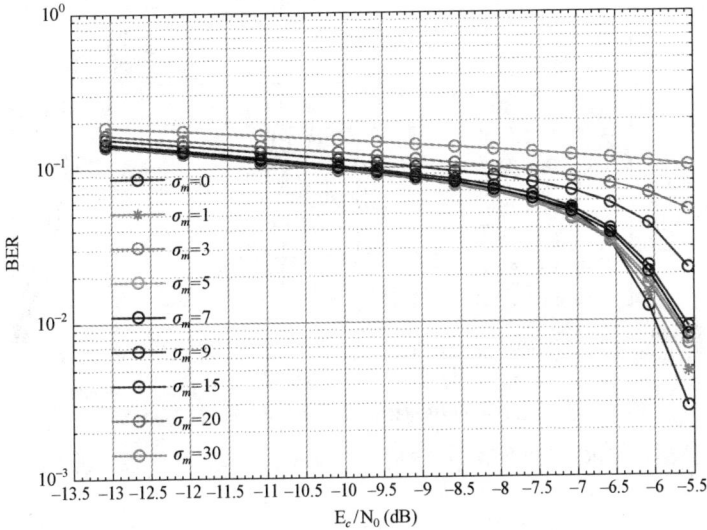

(a) 传统部分相干检测

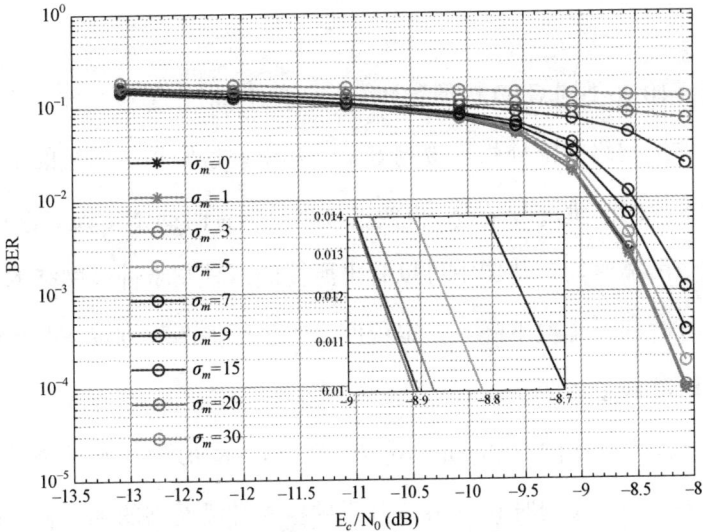

(b) 基于LLR数据驱动的神经网络部分相干检测

图 5-9　CPO 模型参数 $v=15$ 时，三种检测方案的鲁棒性分析

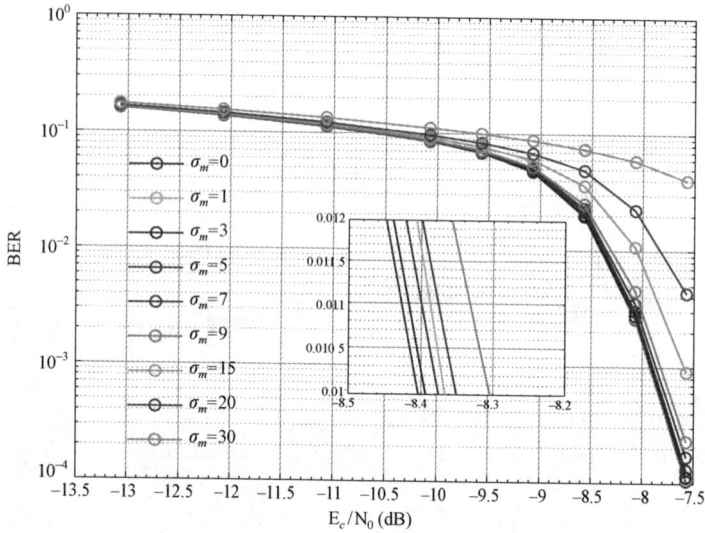

(c) 基于硬检测数据驱动的神经网络部分相干检测

图 5-9　CPO 模型参数 $v=15$ 时，三种检测方案的鲁棒性分析（续）

5.5.7　复杂度分析

图 5-10 在不同 CPO 模型参数 v 的条件下，对比了传统部分相干检测与基于神经网络的部分相干检测方案、基于硬检测神经网络的部分相干检测方案的时间维度复杂度。将数据包平均运行时间定义为运行 10^3 个相同数据包所需时间。从图中可以看出所提的两种基于神经网络的检测方案包运行时间大幅度下降，一定程度说明了所提两种方案在获得性能增益的同时降低了复杂度。

具体而言，如图 5-10（a）所示，BER = −8 dB 时，基于神经网络的部分相干检测方案用时 0.077 s，基于硬检测神经网络的部分相干检测方案用时 0.076 s，传统部分相干检测方案用时 0.152 s 是所提两种方案的两

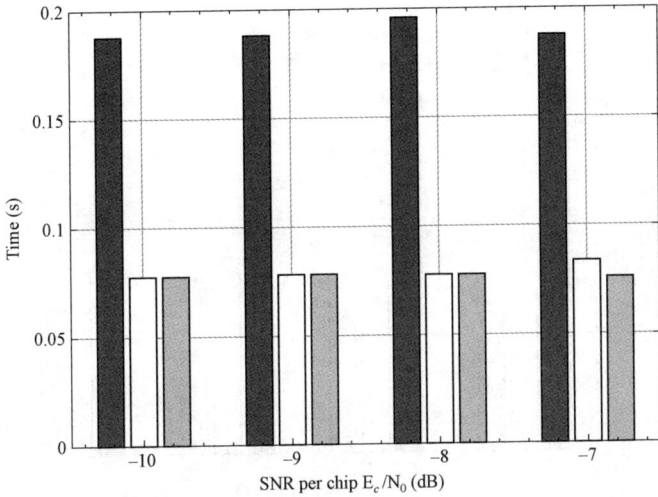

(a) CPO模型参数 $v=5$

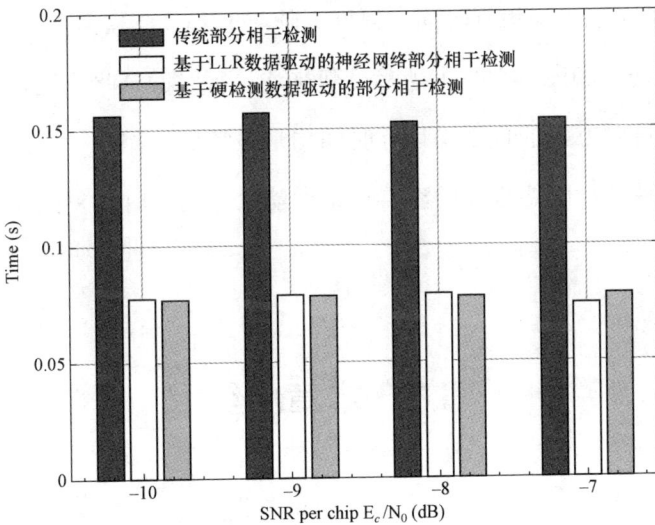

(b) CPO模型参数 $v=10$

图 5-10　CPO 模型 v 不同时，三种方案的时间维度复杂度

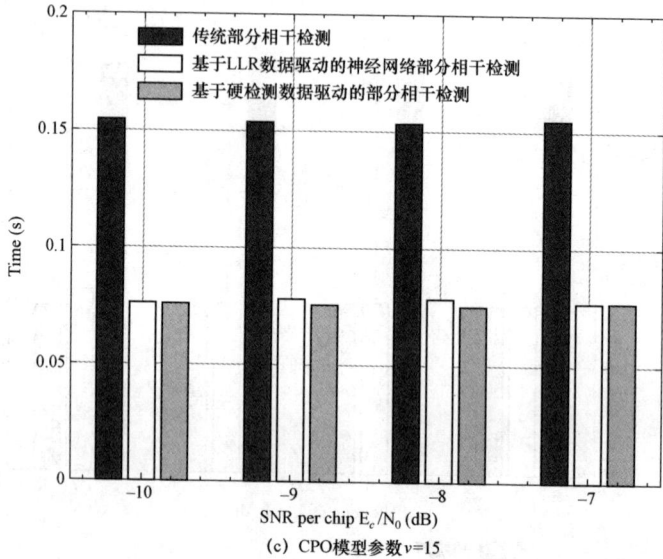

图 5-10　CPO 模型 ν 不同时，三种方案的时间维度复杂度（续）

倍。显然地，在 CPO 模型参数 $\nu=5$ 时所提两种神经网络方案在获得性能增益的同时，包平均运行时间大幅度下降。随着 CPO 模型参数 ν 的增大，如图 5-9（b）和图 5-9（c）所示，包平均运行时间几乎不变，所提两种神经网络检测方案的包平均运行时间均是传统部分相干检测的一半。显然所提两种神经网络方案的获得一定性能增益的同时，复杂度也得到了降低。

5.6　本章小结

为进一步接近实际通信场景，针对信道引入模型参数 ν 控制的 CPO 与均匀分布的频率偏移，在传统部分相干检测中，将频率偏移量化使积分转换为求和。在此基础上构建神经网络，针对高信噪比下的 LLR 数据与硬检测数据分别训练神经网络，提出了一种基于软信息神经网络的部分相干检测与一种基于硬检测数据训练网络提取 LLR 信息的部分相干检测。仿真结果表明，本章提出的两种检测算法具有可靠性高、鲁棒性强及硬件复杂度低的特点。

参考文献

［1］ IMT-2030（6G）推进组正式发布《6G 总体愿景与潜在关键技术》白皮书［J］. 互联网天地，2021（6）：8-9.

［2］ Saad W, Bennis M, Chen M. A vision of 6G wireless systems: Applications, trends, technologies, and open research problems［J］. IEEE network, 2019, 34 (3): 134-142.

［3］ 栾宁，熊轲，张煜，等. 6G：典型应用、关键技术与面临挑战［J］. 物联网学报，2022，6（1）：29-43.

［4］ 钱学胜. 2022 世界人工智能大会：探究元动力，元启新未来［J］. 上海信息化，2022，215（9）：6-12.

［5］ 姜怡，周越，白雪茜，等. 新一代多媒体实时通信系统架构增强演进研究［J］. 电信科学，2022，38（4）：156-166.

［6］ Henrique P, Prasad R. The Road for 6G Multimedia Applications［C］. 2020 23rd International Symposium on Wireless Personal Multimedia Communications (WPMC). IEEE, 2020: 1-6.

［7］ 刘尚昆. 宽带卫星网络多媒体大容量数据短时延传输方法［J］. 电视技术，2022，46（12）：146-151.

［8］ 李祺. 异构无线网络多链路并发传输自动化控制方法［J］. 自动化应

用，2022（12）：74-76+83.

[9] 方国强，吴雪霁，包森成. 基于机器学习的多元异构网络数据安全传输技术［J］. 自动化技术与应用，2022，41（5）：107-109.

[10] 朱振伸，范黎林，赵敬云. 多媒体网络中基于 QoS 的自适应 SPC 仿真［J］. 计算机仿真，2022，39（1）：213-217.

[11] Zhou H, Wang J. Non-coherent sequence detection scheme for satellite-based automatic identification system［J］. Journal of Systems Engineering and Electronics, 2017, 28(3): 441-448.

[12] Yilmaz A, Kesal M, Onat F A. Frequency estimation for burst communication based on irregular repetition of data symbols［C］. MILCOM 2018-2018 IEEE Military Communications Conference (MILCOM). IEEE, 2018: 1-9.

[13] 郑霖，杨超，汪震，等. 高速移动环境中的 MIMO 非相干高效通信［J］. 桂林电子科技大学学报，2020，40（4）：259-269.

[14] 王承祥，黄杰，王海明，等. 面向 6G 的无线通信信道特性分析与建模［J］. 物联网学报，2020，4（1）：19-32.

[15] O'shea T, Hoydis J. An introduction to deep learning for the physical layer［J］. IEEE Transactions on Cognitive Communications and Networking, 2017, 3(4): 563-575.

[16] Samuel N, Diskin T, Wiesel A. Learning to detect［J］. IEEE Transactions on Signal Processing, 2019, 67(10): 2554-2564.

[17] 张雷，吴迪. 人工智能的应用现状及关键技术研究［J］. 信息与电脑（理论版），2020，32（10）：121-124.

[18] Ibnkahla M. Applications of neural networks to digital communications-a survey［J］. Signal processing, 2000, 80(7):

1185-1215.

[19] Lewicki G, Marino G. Approximation by superpositions of a sigmoidal function [J]. Zeitschrift für Analysis und ihre Anwendungen, 2003, 22(2): 463-470.

[20] Hornik K, Stinchcombe M, White H. Multilayer feedforward networks are universal approximators [J]. Neural networks, 1989, 2(5): 359-366.

[21] IEEE Standard for High Data Rate Wireless Multi-Media Networks, in IEEE Std 802. 15. 3-2016(Revision of IEEE Std 802. 15. 3-2003) [S]. New York: IEEE Press, 2016.

[22] Kam P Y, Ng S S, Ng T S. Optimum symbol-by-symbol detection of uncoded digital data over the Gaussian channel with unknown carrier phase [J]. IEEE transactions on communications, 1994, 42(8): 2543-2552.

[23] Yang G, Wang J, Yue G, et al. Non-coherent symbol-by-symbol detection of MSK signals under impulsive noise[C]. 2016 IEEE Global Conference on Signal and Information P rocessing (GlobalSIP). IEEE, 2016: 133-137.

[24] Colavolpe G, Raheli R. On noncoherent sequence detection of coded QAM [J]. IEEE communications letters, 1998, 2(8): 211-213.

[25] Tong S, Huang D, Guo Q, et al. Low Complexity Optimal Soft-Input Soft-Output Demodulation of MSK Based on Factor Graph [J]. IEEE Communications Letters, 2014, 18(7): 1139-1142.

[26] Wang L, Hanzo L. Low-Complexity Near-Optimum Multiple-Symbol Differential Detection of DAPSK Based on Iterative Amplitude/Phase Processing [J]. IEEE Transactions on Vehicular Technology, 2012,

61(2): 894-900.

［27］ Li B, Tong W, Ho P. Multiple-symbol detection for orthogonal modulation in CDMA system ［J］. IEEE transactions on vehicular technology, 2001, 50(1): 321-325.

［28］ Buetefuer J L, Cowley W G. Frequency offset insensitive multiple symbol detection of MPSK ［C］. 2000 IEEE International Conference on Acoustics, Speech, and Signal Processing. Proceedings (Cat. No. 00CH37100). IEEE, 2000, 5: 2669-2672.

［29］ Wang Y, Tian Z. Multiple symbol differential detection for noncoherent communications with large-scale antenna arrays ［J］. IEEE Wireless Communications Letters, 2017, 7(2): 190-193.

［30］ Wang T, Lv T, Gao H, et al. BER analysis of decision-feedback multiple-symbol detection in noncoherent MIMO ultrawideband systems ［J］. IEEE transactions on vehicular technology, 2013, 62(9): 4684-4690.

［31］ Siegelmann H T, Sontag E D. On the computational power of neural nets ［C］. Proceedings of the fifth annual workshop on Computational learning theory. 1992: 440-449.

［32］ Nachmani E, Be'ery Y, Burshtein D. Learning to decode linear codes using deep learning ［C］. 2016 54th Annual Allerton Conference on Communication, Control, and Computing (Allerton). IEEE, 2016: 341-346.

［33］ Liang F, Shen C, Wu F. An Iterative BP-CNN Architecture for Channel Decoding ［J］, IEEE Journal of Selected Topics in Signal Processing, 2018, 12(1): 144-159.

［34］ Toledo R N, Akamine C, Jerji F, et al. M-QAM demodulation based on machine learning ［C］. 2020 IEEE International Symposium on Broadband Multimedia Systems and Broadcasting (BMSB). IEEE, 2020: 1-6.

［35］ Yao Y, Su Y, Shi J, et al. A low-complexity soft QAM de-mapper based on first-order linear approximation ［C］. 2015 IEEE 26th Annual International Symposium on Personal, Indoor, and Mobile Radio Communications (PIMRC). IEEE, 2015: 446-450.

［36］ Shental O, Hoydis J. "machine llrning": Learning to softly demodulate ［C］. 2019 IEEE Globecom Workshops (GC Wkshps). IEEE, 2019: 1-7.

［37］ Al-Baidhani A, Fan H H. Deep ensemble learning: A communications receiver over wireless fading channels ［C］. 2019 IEEE Global Conference on Signal and Information Processing (GlobalSIP). IEEE, 2019: 1-5.

［38］ Zheng S, Chen S, Yang X. DeepReceiver: A deep learning-based intelligent receiver for wireless communications in the physical layer ［J］. IEEE Transactions on Cognitive Communications and Networking, 2020, 7(1): 5-20.

［39］ Shlezinger N, Farsad N, Eldar Y C, et al. ViterbiNet: A deep learning based Viterbi algorithm for symbol detection ［J］. IEEE Transactions on Wireless Communications, 2020, 19(5): 3319-3331.

［40］ Zheng S, Zhou X, Chen S, et al. DemodNet: Learning soft demodulation from hard information using convolutional neural network ［C］. ICC 2021-IEEE International Conference on Communications. IEEE, 2022: 1-6.

［41］ Deng C, Yuan S L B. Reduced-complexity deep neural network-aided channel code decoder: A case study for BCH decoder ［C］. ICASSP 2019-2019 IEEE International Conference on Acoustics, Speech and Signal Processing (ICASSP). IEEE, 2019: 1468-1472.

［42］ Leung C T, Bhat R V, Motani M. Low-Latency neural decoders for linear and non-linear block codes ［C］. 2019 IEEE Global Communications Conference (GLOBECOM). IEEE, 2019: 1-6.

［43］ Gallager R. Low-density parity-check codes ［J］. IRE Transactions on information theory, 1962, 8(1): 21-28.

［44］ MacKay D J C, Neal R M. Near Shannon limit performance of low density parity check codes ［J］. Electronics letters, 1997, 33(6): 457-458.

［45］ 文红，符初生，周亮. LDPC 码原理与应用 ［M］. 成都：电子科技大学出版社，2006.

［46］ Lin S, Costello D J. Error control coding: fundamentals and application ［M］. Englewood Cliffs, New Jersey: Prentice-Hall Publisher, 1983.

［47］ McCulloch W S, Pitts W. A logical calculus of the ideas immanent in nervous activity ［J］. The bulletin of mathematical biophysics, 1943, 5: 115-133.

［48］ McClelland J L, Rumelhart D E, PDP Research Group. Parallel Distributed Processing, Volume 2: Explorations in the Microstructure of Cognition: Psychological and Biological Models ［M］. Cambridge: MIT press, 1987.

［49］ ［美］John G. Proakis. 数字通信（第四版）［M］. 张力军，译. 北京：电子工业出版社，2004.

［50］ Lin S, Costello D J. Error control coding: Fundamentals and application ［M］. Englewood Cliffs: Prentice-Hall Publisher, 1983.

［51］ Caire G, Taricco G, Biglieri E. Bit-interleaved coded modulation ［J］. Electronics Letters, 1998, 44(3): 927-946.

［52］ Brink S T. Iterative demapping for QPSK modulation ［J］. Electronics Letters, 1998, 34(15): 1459-1460.

［53］ Li X, Ritcey J A. Bit-interleaved coded modulation with iterative decoding using soft feedback ［J］. Electronics Letters, 1998, 34(10): 942-943.

［54］ Hagenauer J. The EXIT chart-introduction to the extrinsic information transfer in iterative processing ［C］. Proceedings of the 12th European Signal Processing Conference, Vienna, Austria, 2004.

［55］ Gallager R G. Information theory and reliable communication［M］New York: Wiley Publisher, 1968.

［56］ Brink S T, Speidel J, Yim R H. Iterative demapping and decoding of multilevel modulation ［C］. Proceedings of IEEE Global Telecommunications conference, Sydney, New South Wales, Australia, 1998, 1: 579-584.

［57］ Brink S T. Designing iterative decoding schemes with the extrinsic information transfer char ［J］. AEÜ International Journal of Electronics and Communications, 2000, 54(6): 389-398.

［58］ Tran N H, Nguyen H H. Signal mapping of 8-ary constellations for bit interleaved coded modulation with iterative decoding ［J］. IEEE Transactions on Broadcasting, 2006, 52(1): 92-99.

［59］ 曹志刚, 前亚生. 现代通信原理［M］. 北京: 清华大学出版社, 1992.

［60］ Schreckenbach F. Iterative decoding of bit-interleaved coded modulation ［D］. Munich: Munich University of Technology, 2007.

［61］ Uegerboeck G. Channel coding with multilevel/phase signaling ［J］. IEEE Trans. Inf. Theory, 1982, IT-28(1): 55-67.

［62］ IEEE Standard for High Data Rate Wireless Multi-Media Networks, in IEEE Std 802. 15. 3-2016(Revision of IEEE Std 802. 15. 3-2003) ［S］. New York: IEEE Press, 2016.

［63］ Divsalar D, Simon M K. Maximum-likelihood differential detection of uncoded and trellis coded amplitude phase modulation over AWGN and fading channels and performance ［J］. IEEE Transactions on Communications, 1994, 42(1): 76-89.

［64］ Zhang G, Shi C, Han C, et al. Implementation-friendly and energy-efficient symbol-by-symbol detection scheme for IEEE 802. 15. 4 O-QPSK receivers ［J］. IEEE Access, 2020, 8: 158402-158415.

［65］ 赵树杰，赵建勋. 信号检测与估计理论（第 2 版）［M］. 北京：清华大学出版社，2005：149-239.

［66］ Hirose A, Yoshida S. Generalization characteristics of complex-valued feedforward neural networks in relation to signal coherence ［J］. IEEE Transactions on Neural Networks and learning systems, 2012, 23(4): 541-551.

［67］ Hagan M T, Menhaj M B. Training feedforward networks with the Marquardt algorithm［J］. IEEE transactions on Neural Networks, 1994, 5(6): 989-993.

［68］ 刘皓波，彭章友. 一种基于 IEEE802. 15. 3 协议物理层编码调制方案 ［J］. 微计算机信息，2005（1）：113-114.

[69] 党小宇，刘兆彤，李宝龙，等. 物理层网络编码中连续相位调制信号的非相干多符号检测 [J]. 电子与信息学报，2016，38（4）：877-884.

[70] Raphaeli D. Decoding algorithms for noncoherent trellis coded modulation [J]. IEEE transactions on communications, 1996, 44(3): 312-323.

[71] Hasan A A, Marsland I D. Low complexity LLR metrics for polar coded QAM [C]. 2017 IEEE 30th Canadian Conference on Electrical and Computer Engineering (CCECE). IEEE, 2017: 1-4.

[72] Zhang G, Li H, Han C, et al. Multiple symbol detection for convolutional coded O-QPSK signals in smart metering utility networks without channel state information [J]. Physical Communication, 2021, 49: 101490.

[73] Zhong X, Xu Y, Xu K. Linear LLR approximation for LDPC decoding using a Gaussian approximation [C]. 2013 IEEE Third International Conference on Information Science and Technology (ICIST). IEEE, 2013: 1229-1231.

[74] Zhang G, Wen H, Pu J, et al. Build‐in wiretap channel I with feedback and LDPC codes by soft decision decoding [J]. Iet Communications, 2017, 11(11): 1808-1814.

[75] 冯小晶，周围. LDPC 码 BP 译码算法研究 [J]. 电子测试，2009，181（7）：41-43.

[76] Hagenauer J. The EXIT chart-introduction to extrinsic information transfer in iterative processing [C]. 2004 12th European Signal Processing Conference. IEEE, 2004: 1541-1548.

[77] Li X, Ho P. A partial coherent detector for orthogonal modulations in

two-way relay communications with physical network coding and fading [C]. 2014 IEEE International Conference on Communication Systems. IEEE, 2014: 630-634.

[78] Simon M K, Divsalar D. Multiple symbol partially coherent detection of MPSK [J]. IEEE transactions on communications, 1994, 42(234): 430-439.